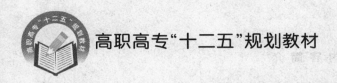

高职高专"十二五"规划教材

数控车床操作与编程实训

主　编　彭渡川　王建琼
主　审　罗　清

北京航空航天大学出版社

内 容 简 介

本书重点介绍了数控车床的基础知识及典型零件的数控车床编程方法。全书共分 8 章,内容包括:数控车床基本知识、数控车床操作面板说明及对刀、数控车床常用指令的编程、初学者加工零件应遵循的基本步骤及基础编程实例、单段固定循环指令在数控车床加工中的运用、多重复合循环指令在数控车床加工中的运用、宏程序在数控车床上加工方程曲线的应用和综合零件的加工范例。

本书各章内容遵循由浅入深、循序渐进的规律,以实际加工实例为载体,提高读者的学习兴趣。本书列举了大量不同类型的编程实例,具有典型的代表性。特别是对初学者来说,可以根据本书提供的实例进行编程的初步尝试,从而达到快速入门的目的。

本书可作为中职、职高及高职高专院校机械类各专业数控车床编程及操作技能培训教材,也可作为各级生产部门、培训机构等培训职工所用教材。

图书在版编目(CIP)数据

数控车床操作与编程实训 / 彭渡川,王建琼主编
--北京:北京航空航天大学出版社,2013.8
 ISBN 978-7-5124-1222-4

Ⅰ.①数… Ⅱ.①彭… ②王… Ⅲ.①数控机床—车床—操作—职业教育—教材 ②数控机床—车床—程序设计—职业教育—教材 Ⅳ.①TG519.1

中国版本图书馆 CIP 数据核字(2013)第 184906 号

版权所有,侵权必究。

数控车床操作与编程实训

主 编 彭渡川 王建琼
主 审 罗 清
责任编辑 孙兴芳

*

北京航空航天大学出版社出版发行

北京市海淀区学院路 37 号(邮编 100191)　http://www.buaapress.com.cn
发行部电话:(010)82317024　传真:(010)82328026
读者信箱:goodtextbook@126.com　邮购电话:(010)82316936
三河市汇鑫印务有限公司印装　各地书店经销

*

开本:787×1 092　1/16　印张:9　字数:230 千字
2013 年 8 月第 1 版　2013 年 8 月第 1 次印刷　印数:3 000 册
ISBN 978-7-5124-1222-4　定价:19.00 元

若本书有倒页、脱页、缺页等印装质量问题,请与本社发行部联系调换。联系电话:(010)82317024

前　言

随着数控技术的发展，数控技术不仅在造船、军工等领域得到广泛使用，也进入了汽车、机床等民用机械制造行业。目前，在机械行业中，普通机床越来越难以满足加工紧密零件的需要，同时，数控机床的价格在不断下降，因此，数控机床在机械行业中的使用已日渐普遍。数控加工已成为机械制造业中的先进加工技术，数控车床更是应用最为普遍的数控机床。随着国内数控机床用量的剧增，急需培养一大批能够熟练掌握现代数控机床编程、操作和维护的应用型高级技术人才。虽然许多职业学校都相继开展了数控技工的培训，但由于课程课时有限，培训内容单一以及学生实践和提高的机会少，所以学生还是处于初级数控技工的水平，离企业需要的技工还有一定差距。针对这一情况，根据国内高等职业教育的教学要求，强化实训教学，结合数控车床的实际加工特点以及我校多年的数控车床实际教学经验编写了本书。

本书是理实一体化的实训教材，主要介绍了日本 FANUC Oi 数控系统在数控车削加工中的编程常用指令、操作方法和具体应用。同时，本书提供了不同类型的加工实例，学生可以以实例作为参考，对实例进行工艺分析，以达到快速入门并提高编程和加工操作能力的目的。通过对本书的学习，学生可以掌握以下技能：

◆ 能熟练掌握 FANUC Oi 系统的操作方法；
◆ 简单零件的数控加工方法，如外径、沟槽、锥度、螺纹等；
◆ 编程应遵循的基本步骤和加工工艺设计的能力；
◆ FANUC Oi 系统中多重复合循环指令的运用和宏程序编程的技能。

参加本书编写的有彭渡川、王建琼、卓红、杜海涛、谭飞和冯祖磊，由彭渡川和王建琼任主编。

本书由实训部部长罗清及技术组古英审阅，他们对本书的编写提出了很多宝贵意见，在此表示衷心的感谢。

由于编者水平有限，误漏欠妥之处在所难免，恳请使用本书的教师和读者批评指正。

编者
2013.6.5

目　录

第1章　数控车床基本知识 ………………………………………………………………… 1

1.1　入门知识 ……………………………………………………………………………… 1
　1.1.1　数控车床的组成 ……………………………………………………………… 1
　1.1.2　数控车床的主要功能 ………………………………………………………… 2
　1.1.3　数控车床的特点与应用 ……………………………………………………… 2
1.2　数控车床安全操作规程 ……………………………………………………………… 3
1.3　数控机床的日常维护 ………………………………………………………………… 3
　1.3.1　安全规定 ……………………………………………………………………… 3
　1.3.2　日常维护保养 ………………………………………………………………… 4
　1.3.3　周末维护保养 ………………………………………………………………… 4
思考与练习 ………………………………………………………………………………… 4

第2章　数控车床操作面板说明及对刀 ………………………………………………… 5

2.1　数控系统操作面板 …………………………………………………………………… 5
　2.1.1　数控系统控制按键 …………………………………………………………… 6
　2.1.2　CRT 显示器 …………………………………………………………………… 6
　2.1.3　MDI 键盘 ……………………………………………………………………… 7
2.2　机床操作面板 ………………………………………………………………………… 8
　2.2.1　数控车床运行状态模式选择按键 …………………………………………… 8
　2.2.2　机床主轴手动控制开关 ……………………………………………………… 9
　2.2.3　进给速度(F)调节旋钮 ………………………………………………………… 9
　2.2.4　手轮进给模式旋键 …………………………………………………………… 10
　2.2.5　快速移动速度倍率按键 ……………………………………………………… 10
　2.2.6　其他功能按键 ………………………………………………………………… 10
2.3　数控车床的对刀 ……………………………………………………………………… 11
2.4　刀位偏置值的修改与应用 …………………………………………………………… 12
思考与练习 ………………………………………………………………………………… 12

第3章　数控车床常用指令的编程 ……………………………………………………… 13

3.1　建立工件坐标系与坐标尺寸 ………………………………………………………… 13
　3.1.1　工件坐标系设定指令 G50 …………………………………………………… 13
　3.1.2　尺寸系统的编程方法 ………………………………………………………… 14
3.2　主轴控制、进给控制及刀具选用 …………………………………………………… 15

3.2.1 主轴功能 S	15
3.2.2 进给功能 F	15
3.2.3 刀具选用	15
3.3 快速定位、直线插补和圆弧插补	16
3.3.1 快速定位指令 G00	16
3.3.2 直线插补指令 G01	17
3.3.3 圆弧插补指令 G02、G03	17
3.4 刀尖圆弧半径补偿	19
3.4.1 刀尖圆弧半径补偿的目的	19
3.4.2 刀尖圆弧半径补偿指令	20
3.4.3 刀具半径补偿的过程	20
3.4.4 刀尖方位的确定	21
3.5 程序走向控制	21
3.5.1 程序的斜杠跳跃	21
3.5.2 暂停指令 G04	22
3.6 螺纹加工	22
3.6.1 螺纹加工时的几个问题	22
3.6.2 单行程螺纹切削指令 G32	23
3.6.3 螺纹切削循环指令 G92	26
3.6.4 螺纹切削复合循环指令 G76	28
3.7 固定循环指令	30
3.7.1 外径/内径切削循环指令 G90	30
3.7.2 端面切削循环指令 G94	32
3.8 复合循环指令	33
3.8.1 外圆粗车复合循环指令 G71	33
3.8.2 精加工复合循环指令 G70	34
3.8.3 端面粗车复合循环指令 G72	35
3.8.4 固定形状粗车循环指令 G73	35
3.9 子程序	37
3.9.1 子程序的格式	37
3.9.2 子程序的调用	38
3.9.3 编程示例	38
思考与练习	39

第 4 章 初学者加工零件应遵循的基本步骤及基础编程实例 ………… 40

4.1 基础编程练习一	41
4.2 基础编程练习二	44
4.3 基础编程练习三	48
4.4 基础编程练习四	52

思考与练习 ··· 55

第5章　单段固定循环指令在数控车床加工中的运用 ················· 56

第6章　多重复合循环指令在数控车床加工中的运用 ················· 61
6.1　实例一 ··· 61
6.2　实例二 ··· 62
6.3　实例三 ··· 64
6.4　实例四 ··· 65
　　思考与练习 ··· 66

第7章　宏程序在数控车床上加工方程曲线的应用 ···················· 68
7.1　宏程序概述 ··· 68
7.2　方程曲线车削加工的工艺分析和走刀路线 ···················· 69
7.3　方程曲线——椭圆轮廓加工的宏程序编制步骤 ·············· 70
7.4　加工椭圆实例 ·· 70
7.5　方程曲线——抛物线轮廓加工的宏程序编程示例 ··········· 75
7.6　方程曲线宏程序编制过程中应注意的问题 ···················· 76
　　思考与练习 ··· 76

第8章　综合零件的加工范例 ·· 81
8.1　数控车床手工编程综合实例一 ···································· 81
8.2　数控车床手工编程综合实例二 ···································· 83
8.3　数控车床手工编程综合实例三 ···································· 84
8.4　数控车床手工编程综合实例四 ···································· 85
8.5　数控车床手工编程综合实例五 ···································· 86
8.6　数控车床手工编程综合实例六 ···································· 87
8.7　数控车床电脑编程实例一 ··· 88
8.8　数控车床电脑编程实例二 ··· 98

附题1：数控车床操作工（中级）应知模拟试题 ························ 106

附题2：数控车床操作工（高级）应知模拟试题1 ······················ 115

附题3：数控车床操作工（高级）应知模拟试题2 ······················ 118

附题4：数控车床操作工（高级）应知模拟试题3 ······················ 121

附题5：数控车床操作工（高级）应知模拟试题4 ······················ 124

第 1 章　数控车床基本知识

> **教学要求**
> ◆ 了解数控车床的组成、功能、加工特点及应用
> ◆ 理解文明生产与数控车床安全操作规程
> ◆ 初步了解数控车床的日常维护与保养

1.1　入门知识

对机床的各种控制、操作要求和动作尺寸等都用数字和文字编码的形式表示出来,再通过信息载体(如穿孔纸带、磁盘等)传送给专用电子计算机或数控装置,经过计算机的变换处理发出各种指令,控制机床按照预先要求的操作顺序依次动作,自动地进行加工的车床就是数控车床。

1.1.1　数控车床的组成

数控车床主要由程序输入装置、数控装置、伺服系统、位置检测反馈装置和机床运动部件组成。

1. 程序输入装置

数控程序编制后需要存储在一定的介质上。控制介质是指穿孔纸带或磁盘等存储数控程序的介质。目前的控制介质大致分为纸介质和电磁介质两种,介质中的信息通过不同的方法输入到数控装置中。

纸带输入方法,即在专用的纸带上穿孔,用不同孔的位置组成数控代码,再通过纸带阅读机将代表不同含义的信息读入。穿孔纸带使用 ISO 和 EIA 两种标准信息代码,数控车床能自动识别。

手动输入方法是将数控程序通过数控车床上的键盘输入,程序内容将存储在数控系统的存储器内,使用时可以随时调用。数控程序的产生由计算机编程软件或手工输入到计算机中,也可采用车床与计算机通信方式将数控程序传递到数控系统中。

2. 数控装置

数控装置是数控车床的中枢,一般由输入装置、控制器、运算器和输出装置组成。数控装置是数控车床的核心部分,它将接收到的数控程序经过编译、数学运算和逻辑处理后,输出各种信号到输出接口上。

3. 伺服系统

伺服系统的作用是把来自数控装置的脉冲信号转换成车床移动部件的运动。

4. 位置检测反馈装置

位置检测反馈装置根据系统要求不断测定运动部件的位置或速度,并转换成电信号传输

到数控装置中,数控装置将接收的信号与目标信号进行比较、运算,对驱动信号不断地进行补偿控制,从而保证运动部件的运动精度。

5. 车床运动部件

数控车床的作用和通用车床相同,只是由数控系统自动地完成全部工作,由伺服器驱动伺服电动机带动部件运动,完成工件与刀具之间的相对运动。

1.1.2 数控车床的主要功能

不同的数控车床其功能也不尽相同,各有特点,但都具备以下主要功能。

(1) 直线插补功能:控制道具沿直线切削。该功能可加工圆柱面、圆锥面和倒角。

(2) 圆弧插补功能:该功能可加工圆弧面和曲面。

(3) 固定循环功能:固定了机床常用的一些功能,如轮廓加工循环、切螺纹和切槽。

(4) 恒线速度切削:通过控制主轴转速保持切削点处的切削速度恒定,以获得一致的加工表面。

(5) 刀尖半径自动补偿功能:可对刀具运动轨迹进行半径补偿。具备该功能的机床在编程时可不考虑刀具半径,直径按零件轮廓进行编程,从而使编程变得方便、简单。

对于一些全功能的数控车床和车削中心,除了具有前述主要功能外,还常常具有下列一些拓展功能。

(1) C 轴功能:主轴完成一般机床中旋转工作台的工作,在实现回转、分度运动的同时,与 X、Z 轴联动,可以实现端面螺旋槽等加工。要实现 C 轴功能,数控车床必须配置动力刀架并使用螺旋刀具,此时由刀具作主运动。

(2) Y 轴控制:非径向、轴向坐标(假设方向),类似铣削功能,主轴可实现分度或回转运动。与 C 轴功能一样,数控车床必须配置动力刀架并使用螺旋刀具。

(3) 加工模拟:通过机床自带的模拟功能可对加工轮廓、加工路线及刀具干涉等状况进行模拟,而加工精度(尺寸、形、位公差)及表面质量则无法通过模拟得以检验。

1.1.3 数控车床的特点与应用

1. 自动化程度高

在数控车床上加工零件时,除了手工装卸零件外,全部加工过程都可由数控车床自动完成,大大减轻了操作者的劳动强度。

2. 具有加工复杂形状的能力

用手工难以控制尺寸的零件,如外形轮廓为椭圆、内腔为成形面的零件,其加工质量直接影响整体产品的性能。数控车床可以任意控制其他车床难以加工的复杂形面的加工。

3. 加工精度高,质量稳定

数控车床是按照编制好的加工程序进行工作的,加工时一般不需要人的参与或调整,因此数控程序在运行中不受操作者的技术水平或者情绪的影响,加工质量稳定。

4. 生产效率高

数控车床自动化程度高,具有自动换刀和其他辅助操作自动化等功能,而且工序较为集中,大大提高了劳动生产率,缩短了生产周期。

5. 不足之处

数控车床的不足之处：要求操作者技术水平高、价格高、加工成本高、技术复杂、对加工编程要求高、加工难以调整以及维修困难等。

数控车床加工适用范围如下。

(1) 加工形状复杂、加工精度要求高，特别是较为复杂的特性面等零件。

(2) 产品更换频繁、生产周期要求短的场合。

(3) 小批量生产的零件。

(4) 价格较高的零件。

1.2 数控车床安全操作规程

数控车床安全操作规程为：

(1) 数控车床的开机关机顺序一定要按照说明书的规定操作。

(2) 操作机床前，必须紧束工作服，女生必须带好工作帽，严禁戴手套操作数控车床。

(3) 通电后，检查机床有无异常现象。

(4) 切削前必须夹紧刀具、工件，加工时要关闭机床的防护门，加工过程中不能随意打开。

(5) 换刀时，刀架应远离卡盘和工件；在手动移动拖板或对刀过程中，在刀尖接近工件时，进给速度不能太大，并且一定要注意按移位键时不要按下换刀键。

(6) 自动加工前，必须通过程序模拟或经过指导教师检查，正确的程序才能自动运行加工工件。

(7) 不得随意删除机内的程序，并且不能随意调出进行自动加工。

(8) 不需要机床运行时，应关闭驱动器钥匙，以防操作失误。

(9) 不准用手清除切屑，可用钩子清理。床面上不准放东西，发现铁屑缠绕加工时，应停车清理。

(10) 机床只能单人操作，加工时决不能把头伸向刀架附近观察，以防发生事故。

(11) 工件转动时，严禁测量工件、清洗机床、用手去摸工件，更不能用手制动主轴头。

(12) 关机之前，应将溜板停在 X 轴、Z 轴中央区域。

1.3 数控机床的日常维护

为了使数控车床保持良好的状态，除了发生故障及时修理外，坚持经常维修保养也是非常重要的。坚持定期检查，经常维护保养，可以把许多故障隐患消除在萌芽之中，防止或减少事故的发生。不同型号的数控车床日常保养的内容和要求完全不一样，应按照具体车床说明书中的规定执行。

1.3.1 安全规定

(1) 操作者必须仔细阅读和掌握机床上的危险、警告、注意等标识说明。

(2) 机床防护罩、内锁或其他安全装置失效时，必须停止使用机床。

(3) 操作者严禁修改机床参数。

（4）机床维护或其他操作过程中，严禁将身体探入工作台内。
（5）检查、保养、修理之前，必须先切断电源。
（6）严禁超负荷、超行程、违规操作机床。
（7）操作数控机床时思想必须高度集中，严禁戴手套、扎领带和人走机不停的现象发生。
（8）工作台上有工件、附件或障碍物时，机床各轴的快速移动倍率应小于50%。

1.3.2　日常维护保养

日常维护保养包括：设备整体外观检查，机床是否有异常情况，保证设备清洁、无锈蚀、无黄袍；检查液压站、气压系统、冷却装置、电网电压是否正常；开机后需检查各系统是否正常，低转速运行主轴5分钟；及时清洁主轴锥孔。

1.3.3　周末维护保养

周末维护保养包括：全面清洁机床；对电缆、电路进行外观检查；清洁主轴锥孔；清洁主轴外表面、工作台、刀库表面等；检查液压、冷却装置是否正常；及时清洗主轴恒温装置过滤网；检查冷却液，不合格时应及时更换；清洁排屑装置；严格遵守"三检"规定。

思考与练习

1-1　试述数控车床安全操作规程。
1-2　数控车床日常维护保养工作有哪些内容？
1-3　了解数控车床的功能及结构特点。

第 2 章 数控车床操作面板说明及对刀

> **教学要求**
> ◆ 熟练掌握面板上每个按键的功能
> ◆ 熟练掌握 FANUC Oi 数控车床系统的使用与操作
> ◆ 掌握如何解除报警及其操作步骤
> ◆ 熟练掌握正确的对刀方法及原理
> ◆ 熟练掌握刀位偏置的修改与应用

CAK6150-DJ 型数控车床由沈阳第一机床厂生产,采用 FANUC Oi 数控控制系统。该机床的操作面板位于机床防护罩上,它由上、下两个部分组成;上半部分为数控系统操作面板,下半部分为机床操作面板,如图 2-1 所示。

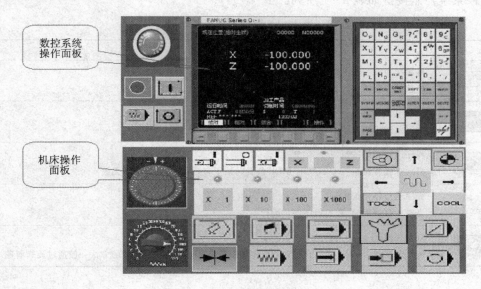

图 2-1 数控车床操作面板

2.1 数控系统操作面板

数控系统操作面板功能:主要用于控制程序的输入与编辑,同时显示机床的各种参数设置和工作状态。数控系统操作面板如图 2-2 所示,主要由数控系统控制按键、CRT 显示器及 MDI 键盘等多个部分组成,每一部分的详细说明如下。

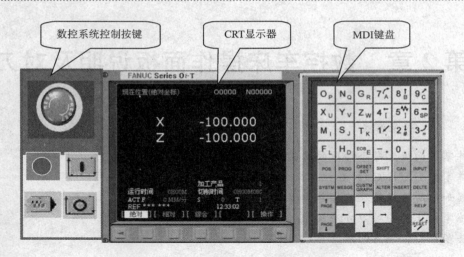

图 2-2 数控系统操作面板

2.1.1 数控系统控制按键

数控系统控制按键如表 2-1 所列。

表 2-1 数控系统控制按键

按 键	功 能
	电源接通按钮 确认电源接通后，CRT 画面显示正常
	关断电源按钮 按下此键机床停止工作，CRT 界面关闭
	程序运行开始按钮 模式选择旋钮在"AUTO"和"MDI"位置时按下有效，其余位置按下无效
	程序运行停止按钮 当指示灯熄灭时，数控程序停止运行
	急停按钮 按下此按钮，机床立即停止移动。急停按钮按下后，即被锁住，解除的方法一般通过旋转解除

2.1.2 CRT 显示器

CRT 显示器功能：显示机床的各种参数设置和工作状态。具体如下所述。

(1) 显示机床参考点坐标、工件号、程序段号、系统运行时间、加工产品数、切削时间、进给速度及主轴转速等。

(2) 显示刀具当前点在不同坐标系中的位置。

(3) 显示输入数控系统的数据指令。

(4) 显示刀具补偿量的数值、报警信号及图形模拟等。

2.1.3 MDI 键盘

1. 页面切换键

页面切换键用于切换各种功能显示画面，如表 2-2 所列。

表 2-2 页面切换键

按 键	功 能
PROG	数控程序显示页面 可以观察到程序执行到哪一段并审阅后面的程序段
POS	位置显示页面 用 PAGE 按钮选择翻页
OFSET SET	参数输入页面 按第一次进入坐标系设置页面，按第二次进入刀具补偿参数页面。进入不同的页面以后，用 PAGE 按钮切换系统参数页面
MESGE	信息页面 如"报警信息"
CUSTM GRAPH	图形参数设置页面 参数的正确设置，程序仿真时更逼真、形象

2. 翻页按键（PAGE）

翻页按键（PAGE）如表 2-3 所列。

表 2-3 翻页按键（PAGE）

按 键	功 能
PAGE↑	用于在屏幕上向前翻一页
PAGE↓	用于在屏幕上向后翻一页

3. 光标移动键

光标移动键如表 2-4 所列。

表 2-4 光标移动键

按 键	功 能
↑	向上移动光标
↓	向下移动光标
←	向左移动光标
→	向右移动光标

4．其他键

其他键如表 2-5 所列。

表 2-5 其他键

按　键	功　能
INPUT	输入键 把输入域内的数据输入参数页面或者输入一个外部的数控程序
HELP	系统帮助页面 系统帮助文档，提供当前操作的帮助与指导
RESET	复位键（RESET） 用于消除报警页面。当自动运行时，按下 MDI 键盘上的复位键，移动中的坐标轴减速，然后停止，CNC 系统置于复位状态

2.2　机床操作面板

机床操作面板主要用于控制车床的运动和选择车床运行状态，由模式选择按键、数控程序运行控制开关等多个部分组成，每一部分的详细说明如下。

2.2.1　数控车床运行状态模式选择按键

数控车床运行状态模式选择按键如表 2-6 所列。

表 2-6　数控车床运行状态模式选择按键

按　键	功　能
	程序编辑状态（EDIT） 用于直接通过操作面板输入数控程序和编辑程序。显示程序输入页面
	手动数据输入状态（MDI） 此种模式下，输入一个程序段，按启动键，将立即执行此段程序。用于简单的测试操作，执行完可立即自动清除该程序，但必须事先在 3203 参数单元进行设定
	进入自动加工模式（AUTO） 此种模式下，可实现程序的自动加工。自动加工之前应确定刀具的起始点位置，调出所要加工的程序，按启动键开始加工
	手动操作模式（JOG） （1）此种模式下，按车床操作面板上的进给轴和方向选择开关，可进行手动连续沿选定的坐标轴及方向移动刀具的操作，开关一释放，刀具停止移动；（2）手动连续进给速度可由手动进给速度倍率刻度盘 进行调整；（3）同时按下方向键及快速移动键 ，车床将按快速移动速度运动
	程序段跳读模式 在自动方式时按下此键将跳过程序段开头带有"跳步符"的程序。跳步符为"/"，一般放置于程序段前

表 2-1

按 键	功 能
	机床锁住模式 此种模式下,执行加工程序时,机床(刀具)不移动,但显示器上的各轴位置在改变,可用来进行实际加工前的图形模拟以及空运行来检查机床是否按所编制的程序运行。注:在机床锁住状态下,M、S 和 T 指令被执行
	机床空运行模式 此种模式下,各轴以固定的速度(参数设定的快速移动速度)运动,主要用于工件从工作台上卸下时检查刀具的运动轨迹是否符合编程要求
	单段运行模式 此种模式下,每按一次程序启动按钮时将执行程序中的一个程序段,然后机床停止。在单段运行模式中用每一段执行程序来检查程序
	程序重启动模式 此种模式下,由于刀具破损或休息等原因使机床自动停止后,程序可以从指定的程序段重新启动加工操作
	程序选择停模式 此种模式下,在自动加工状态时,程序中遇有 M01 的程序段时将自动运行停止。注:只有当机床操作面板上的选择停开关打开时 M01 代码才有效

2.2.2 机床主轴手动控制开关

机床主轴手动控制开关如表 2-7 所列。

表 2-7 机床主轴手动控制开关

按 键	功 能
	手动开机床主轴正转
	手动开机床主轴反转
	手动关机床主轴
	机床主轴点动
	机床主轴升速
	机床主轴降速

2.2.3 进给速度(F)调节旋钮

进给速度(F)调节旋键如表 2-8 所列。

表 2-8 进给速度(F)调节旋键

按　键	功　能
（图）	(1)调节数控程序运行中的进给速度(F值)，调节范围从 0～150%；(2)通过调整刻度盘上的倍率来调整手动连续进给速度

2.2.4　手轮进给模式旋键

手轮进给模式旋键如表 2-9 所列。

表 2-9　手轮进给模式旋键

按　键	功　能
（图）	说明：手轮又称为手摇脉冲发生器，手轮每旋转一个刻度时刀具将移动一段与旋转角度对应的距离并且必须在参数(N0.7113 和 N0.7114)中确定移动速度倍率。转动手摇脉冲发生器可使机床微量进给 操作步骤：(1)按手轮进给模式控制旋钮；(2)按 [X][Z] 手轮进给轴选择开关，选择一个要移动的轴；(3)按手轮进给倍率开关，选择移动单步移动量，当前机床手轮每转一个刻度对应的位移量设置为 X1 表示 0.001 mm，X10 表示 0.01 mm，X100 表示 0.1 mm，X1K 表示 1 mm；(4)旋转手轮顺时针转动，则刀具沿选定轴正向移动；旋转手轮逆时针转动，则刀具沿选定轴向负方向移动

2.2.5　快速移动速度倍率按键

快速移动速度倍率按键如表 2-10 所列。

表 2-10　快速移动速度倍率按键

按　键	功　能
（图）	(1)用于指定 G00 快速移动速度；(2)用于指定固定循环间的快速移动；(3)手动快速移动；(4)手动或自动返回参考点(G27、G28 等)的快速移动 说明：快速移动速度有 4 档倍率，分别为 F0、25%、50% 和 100%，其中 F0 须由参数(N0.1421)设定

2.2.6　其他功能按键

其他功能按键如表 2-11 所列。

表 2-11　其他功能按键

按　键	功　能
TOOL	手动换刀键 按此键可手动选刀
COOL	冷却液开关 按下此键冷却液开

表 2-11

按　键	功　能
	回参考点操作 目前在机床参数里未设定该功能

2.3 数控车床的对刀

学会对刀是安全操作机床的保障,正确的对刀方法是减少机床事故和人身安全的重要保证。每个学生必须学会正确的对刀方法,这是安全操作机床的前提条件。

数控车床对刀方法有 3 种:试切削对刀法、机械对刀法和光学对刀法,如图 2-3 所示。

(a) 试切削对刀法　　　　(b) 机械对刀法　　　　(c) 光学对刀法

图 2-3　数控车床对刀方法

1. 试切削对刀法对刀原理

如图 2-4 所示,假设刀架在外圆刀所处位置换上切割刀,虽然刀架没有移动,刀具的坐标位置也没有发生变化,但两把刀尖已不在同一位置上,如果不消除这种换刀后产生的刀尖位置误差,势必造成换刀后的切削加工误差。

换刀后刀尖位置误差的计算:

$$\Delta X = X_1 - X_2$$
$$\Delta Z = Z_1 - Z_2$$

根据对刀原理,数控系统记录了换刀后产生的刀尖位置误差 ΔX、ΔZ,利用刀具位置补偿方法确定换刀后的刀尖坐标位置,这样就能保证刀具对工件的切削加工精度。

2. 基准刀对刀操作

如图 2-5 所示,基准刀对刀操作方法如下。

(1) 用外圆车刀切削工件端面,向数控系统输入刀尖位置的 Z 坐标。

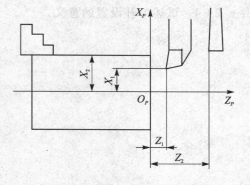

图 2-4　数控车床对刀原理图

(2) 用外圆车刀切削工件外圆,测量工件的外圆直径,向数控系统输入该工件的外圆直径测量值,即刀尖位置的 X 坐标。

3. 一般刀对刀操作

如图 2-6 所示,用切割刀的刀尖对准工件端面和侧母线的交点,向数控系统输入切割刀刀尖所在位置的 Z 坐标和 X 坐标,这样,数控系统就记录了两把刀尖在同一位置上的不同坐标值,然后计算出换刀后一般刀与基准刀的刀尖位置偏差,并通过数控系统刀具位置偏差补偿来消除换刀后的刀尖位置偏差。

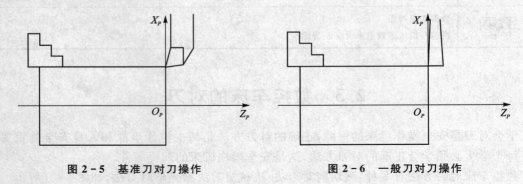

图 2-5 基准刀对刀操作   图 2-6 一般刀对刀操作

2.4 刀位偏置值的修改与应用

如果车削工件外圆后,工件的外圆直径大了 0.30 mm,此时可不用修改程序,可通过修改刀位偏置值来解决,即在 X 方向把刀具位置的偏置值减小 0.30 mm,这样就很方便地解决了切削加工中产生的加工误差。

思考与练习

2-1 熟练掌握 FANUC Oi 数控车床系统 CAK6150-DJ 型数控车床操作面板的组成。
2-2 试述对刀的目的及对刀步骤。
2-3 刀具磨损后,如何进行刀具补偿。
2-4 试述刀补设置的意义。

第 3 章 数控车床常用指令的编程

> **教学要求**
> ◆ 熟练掌握 FANUC Oi 数控系统常用的功能指令
> ◆ 学会应用 FANUC Oi 系统指令编写数控车床的程序

对于数控车床来说,采用不同的数控系统,其编程方法也不同。本章将以 FANUC Oi 数控系统为例,介绍 FANUC 系统数控车床的常用编程指令。

3.1 建立工件坐标系与坐标尺寸

3.1.1 工件坐标系设定指令 G50

工件坐标系设定指令是规定工件坐标系原点的指令,工件坐标系原点又称编程零点。

1. 指令格式

G50 X_ Z_ ;

2. 指令说明

● 指令中 X、Z 为刀尖的起始点距工件坐标系原点在 X 向、Z 向的尺寸。
● 执行 G50 指令时,机床不动作,即 X、Z 轴均不移动,系统内部对 X、Z 的数值进行记忆,CRT 显示器上的坐标值发生变化,这就相当于在系统内部建立了以工件原点为坐标原点的工件坐标系。

> **注意事项**
>
> ◆ 用 G50 设定的工件坐标系,不具有记忆功能,当机床关机后,设定的坐标系立即消失。

【例 3 – 1】 写出如图 3 – 1 所示零件的工件坐标系。

若选工件左端面 O' 点为坐标原点时,坐标系设定的编程为:

　　G50　X150.0　Z100.0

若选工件右端面 O 点为坐标原点时,坐标系设定的编程为:

　　G50　X150.0　Z20.0

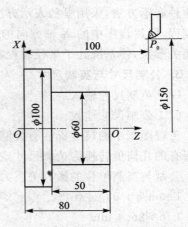

图 3 – 1　工件坐标系设定实例

3.1.2 尺寸系统的编程方法

1. 绝对尺寸和增量尺寸

刀具位置的坐标通常有两种表示方式:一种是绝对坐标,另一种是增量(相对)坐标。数控车床编程时,可采用绝对值编程、增量值编程或者二者混合编程。

(1) 绝对值编程:所有坐标点的坐标值都是从工件坐标系的原点计算的,称为绝对坐标,用 X、Z 表示。

(2) 增量值编程:坐标系中的坐标值是相对于刀具的前一位置(或起点)计算的,称为增量(相对)坐标。X 轴坐标用 U 表示,Z 轴坐标用 W 表示,正负由运动方向确定。

【例 3-2】 如图 3-2 所示的零件,用以上 3 种编程方法编写的部分程序如下。

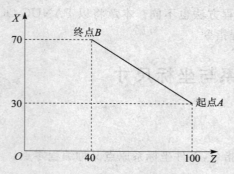

绝对值编程:X70.0　Z40.0
增量值编程:U40.0　W-60.0
混合编程:　X70.0　W-60.0 或
　　　　　　U40.0　Z40.0

图 3-2 绝对值/增量值编程

注意事项

◆ 当 X 和 U 或 Z 和 W 在一个程序段中同时指令时,后面的指令有效。

2. 直径编程与半径编程

数控车床编程时,由于所加工的回转体零件的截面为圆形,所以其径向尺寸就有直径和半径两种表示方法,采用哪种表示方法是由系统的参数决定的。数控车床出厂时一般设定为直径编程,所以程序中的 X 轴方向的尺寸为直径值。如果需要用半径编程,则需要改变系统中的相关参数,使系统处于半径编程状态。

3. 公制尺寸与英制尺寸

G20 英制尺寸输入
G21 公制尺寸输入

工程图纸中的尺寸标注有公制和英制两种形式,数控系统可根据所设定的状态,利用代码把所有的几何值转换为公制尺寸或英制尺寸。系统开机后,机床处在公制 G21 状态。

公制与英制单位的换算关系为:

1 mm ≈ 0.039 4 in
1 in ≈ 25.4 mm

3.2　主轴控制、进给控制及刀具选用

3.2.1　主轴功能 S

S 功能由地址码 S 和后面的若干数字组成。

1. 恒线速度控制指令 G96

系统执行 G96 指令后，S 指定的数值表示切削速度。例如 G96 S150，表示切削速度为 150 m/min。

2. 取消恒线速度控制指令 G97

系统执行 G97 指令后，S 指定的数值表示主轴每分钟的转速。例如 G97 S1200，表示主轴转速为 1 200 r/min。FANUC 系统开机后，一般默认为 G97 状态。

3. 最高速度限制 G50

G50 除有坐标系设定功能外，还有主轴最高转速设定功能。例如 G50 S2000，表示把主轴最高转速设定为 2 000 r/min。用恒线速度控制进行切削加工时，为了防止出现事故，必须限定主轴转速。

3.2.2　进给功能 F

进给功能 F 表示进给速度，它由地址码 F 和后面若干位数字构成。

1. 每分钟进给 G98

数控系统执行 G98 指令后，便认定 F 所指的进给速度单位为 mm/min，如 F200 即进给速度是 200 mm/min。

2. 每转进给 G99

数控系统执行 G99 指令后，便认定 F 所指的进给速度单位为 mm/r，如 F0.2 即进给速度是 0.2 mm/r。

> **注意事项**
>
> ◆ G98 与 G99 可以互相取代。FANUC 数控车床开机后一般默认为 G99 状态。

3.2.3　刀具选用

FANUCT 系统采用 T 指令选刀，由地址码 T 和 4 位数字组成。前两位是刀具号，后两位是刀具补偿号。

例如：T0101，前面的 01 表示调用第 1 号刀具，后面的 01 表示使用 1 号刀具补偿，至于刀具补偿的具体数值，应通过操作面板到 1 号刀具补偿位去查找和修改。如果后面两位数是 00，例如 T0300，表示调用第 3 号刀具，并取消刀具补偿。

3.3 快速定位、直线插补和圆弧插补

3.3.1 快速定位指令 G00

G00 指令使刀具以点定位控制方式从刀具所在点快速运动到下一个目标位置。它只是快速定位,而无运动轨迹要求,且无切削加工过程。

1. 指令格式

G00 X(U)_Z(W)_;

2. 指令说明

- X、Z 为刀具所要到达点的绝对坐标值。
- U、W 为刀具所要到达点距离现有位置的增量值(不运动的坐标可以不写)。

【例 3-3】 如图 3-3 所示,刀具从起点 A 快速运动到目标点 B 的程序如下。

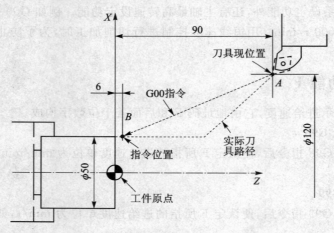

图 3-3 G00 指令

绝对值编程:G00 X50 Z6
增量值编程:G00 U-70 W-84

> **注意事项**
>
> ◆ G00 是模态指令,一般用于加工前的快速定位或加工后的快速退刀。
> ◆ 使用 G00 指令时,刀具的移动速度是由机床系统设定的。
> ◆ 由于机床不同,刀具的实际运动路线有时不是直线而是折线,如图 3-3 所示。使用 G00 指令时要注意刀具是否和工件及夹具发生干涉,如果忽略这一点,就容易发生碰撞。

 提示 ◆ 应用 G00 指令时,对于不适合联动的场合,在进退刀时应尽量采用单轴移动。

3.3.2 直线插补指令 G01

G01 指令是直线运动命令,规定刀具在两坐标间以插补联动方式按指定的进给速度 F 做任意的直线运动。

1. 指令格式

G01 X(U)_Z(W)_F_;

2. 指令说明

- X、Z 或 U、W 含义与 G00 相同。
- F 为刀具的进给速度(进给量),应根据切削要求确定。

【例 3-4】 如图 3-4 所示,O 点为工件原点,加工从 A→B→C。

绝对值编程:G01 X25.0　　Z35.0 F0.3
　　　　　　G01 X25.0　　Z13.0
相对值编程:G01 U-25.0　W0 F0.3
　　　　　　G01 U0　　　W-22.0

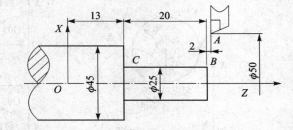

图 3-4　直线插补指令编程示例

注意事项

◆ G01 是模态指令。
◆ 在编写程序时,当第一次应用 G01 指令时,一定要规定一个 F 指令,在以后的程序段中,如果没有新的 F 指令,则进给速度保持不变。不必每个程序段中都指定 F。如果程序中第一次出现的 G01 指令中没有指定 F,则机床不运动。

 提示　◆ 不运动的坐标可省略不写。

3.3.3 圆弧插补指令 G02、G03

圆弧插补指令使刀具在指定平面内按给定的进给速度 F 作圆弧运动,切削出圆弧轮廓。

1. 指令格式

顺时针圆弧插补:G02 X(U)_ Z(W)_ R_ F_ ;或
　　　　　　　　G02 X(U)_ Z(W)_ I_ K_ F_ ;
逆时针圆弧插补:G03 X(U)_ Z(W)_ R_ F_ ;或
　　　　　　　　G03 X(U)_ Z(W)_ I_ K_ F_ ;

2. 指令说明

- X、Z 为刀具所要到达点的绝对坐标值。
- U、W 为刀具所要到达点距离现有位置的增量值。
- R 为圆弧半径。
- F 为刀具的进给量,应根据切削要求确定。
- I、K 分别为圆弧的圆心相对圆弧起点在 X 轴、Z 轴方向的坐标增量(I 值为半径量),

当方向与坐标轴的方向一致是为"＋",反之为"－"。

> **注意事项**
>
> ◆ 当用半径方式指定圆心位置时,由于在同一半径 R 的情况下,从圆弧的起点到终点有两个圆弧的可能性,为区别两者,规定圆心角 $\alpha \leqslant 180°$ 时,用"＋R"表示,如图 3-5 中的圆弧 1;当 $\alpha > 180°$ 时,用"－R"表示,如图 3-5 中的圆弧 2。
> ◆ 用半径 R 方式指定圆心位置时不能描述整圆。

3. 圆弧方向的判断

圆弧插补的顺(G02)、逆(G03)可按图 3-6 所示的方向判断。

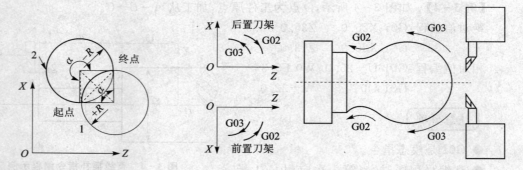

图 3-5 圆弧插补时＋R 与－R 的区别　　图 3-6 圆弧顺逆的判断

4. 编程方法举例

【例 3-5】 如图 3-7 所示,写出圆弧的插补程序。

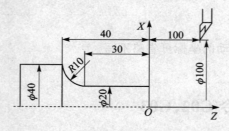

图 3-7 圆弧插补

程　序	程　序
(1)用 I、K 表示圆心位置	(2)用 R 表示圆心位置
绝对值编程	绝对值编程
N30 G00 X20.0 Z2.0	N30 G00 X20.0　Z2.0
N40 G01 Z－30.0 F80	N40 G01 Z－30.0 F80
N50 G02 X40.0 Z－40.0 I10.0 K0 F60	N50 G02 X40.0　Z－40.0 R10 F60
增量值编程	增量值编程
N30 G00 U－80.0 W－98.0	N30 G00 U－80.0 W－98.0
N40 G01 U0　　 W－32.0 F80	N40 G01 U0　　 W－32.0 F80
N50 G02 U20.0　 W－10.0 I10.0 K0 F60	N50 G02 U20.0　 W－10.0 R10 F60

5. 圆弧的车削方法

加工圆弧时,因受吃刀量的限制,一般情况下,不可能一刀将圆弧车好,需分几刀加工。常用的加工方法有车锥法(斜线法)和车圆法(同心圆法)两种。

(1) 车锥法。车锥法就是加工时先将零件车成圆锥,最后再车成圆弧的方法。一般适用于圆心角小于 90°的圆弧,如图 3-8(a)所示。

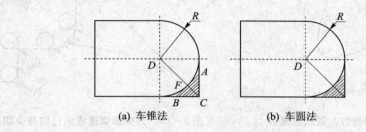

图 3-8　圆弧凸表面车削方法

图 3-8(a)中 AB 为圆锥的极限位置,即车锥时加工路线不能超过 AB 线,否则因过切而无法加工圆弧。采用车锥法需计算 A、B 两点的坐标值,方法如下:

$$CD = \sqrt{2}R$$
$$CF = \sqrt{2}R - R = 0.414R$$
$$AC = BC = \sqrt{2}CF = 0.586R$$

A 点坐标$(R - 0.586R, 0)$

B 点坐标$(R, -0.586R)$

(2) 车圆法。车圆法就是用不同半径的同心圆弧车削,逐层加工所需圆弧的方法。此方法数值计算简单,编程方便,但空行程时间较长,如图 3-8(b)所示。车圆法适用于圆心角大于 90°的圆弧粗车。

3.4　刀尖圆弧半径补偿

3.4.1　刀尖圆弧半径补偿的目的

数控车床编程时,车刀的刀尖理论上是一个点,但通常情况下,为了提高刀具的寿命及降低零件表面的粗糙度,而将车刀刀尖磨成圆弧状,刀尖圆弧半径一般取 0.2~1.6 mm。切削时,实际起作用的是圆弧上的各点。在切削圆柱内、外表面及端面时,刀尖的圆弧不影响零件的尺寸和形状,但在切削圆弧面及圆锥面时,就会产生过切或少切等加工误差,如图 3-9 所示。若零件的精度要求不高或留有足够的精加工余量时,可以忽略此误差,否则应考虑刀尖圆弧半径对零件的影响。

数控车床的刀具半径补偿功能就是通过刀尖圆弧半径补偿来消除刀尖圆弧半径对零件精度的影响。

具有刀具半径补偿功能的数控车床编程时不用计算刀尖半径的中心轨迹,只需按零件轮廓编程,并在加工前输入刀具半径数据,通过程序中的刀具半径补偿指令,数控装置可自动计算出刀具中心轨迹,并使刀具中心按此轨迹运动。也就是说,执行刀具半径补偿后,刀具中心将自动在偏离工件轮廓一个半径值的轨迹上运动,从而加工出所要求的工件轮廓,如图 3-10 所示。

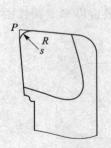

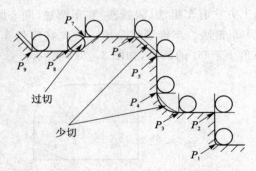

图 3-9 假想刀与圆弧过渡刃   图 3-10 刀尖圆弧造成的过切与少切

3.4.2 刀尖圆弧半径补偿指令

1. 指令格式

刀具半径左补偿: G41 G01(G00) X(U)_ Z(W)_ F_;
刀具半径右补偿: G42 G01(G00) X(U)_ Z(W)_ F_;
取消半径补偿: G40 G01(G00) X(U)_ Z(W)_ ;

2. 指令说明

● G41 为刀具半径左补偿指令;G42 为刀具半径右补偿指令;G40 为取消刀具半径补偿指令。G41、G42 和 G40 是模态指令。

● G41 和 G42 指令不能同时使用,即前面的程序段中如果有 G41,就不能接着使用 G42,必须先用 G40 取消 G41 刀具半径补偿后才能使用 G42,否则补偿就不正常了。

● 不能在圆弧指令段建立或取消刀具半径补偿,只能在 G00 或 G01 指令段建立或取消。

3. 刀尖圆弧半径补偿方向的判别

沿刀具运动方向看,刀具在工件左侧时,称为刀具半径左补偿;刀具在工件右侧时,称为刀具半径右补偿,如图 3-11 所示。

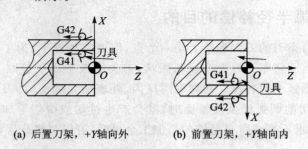

(a) 后置刀架,+Y 轴向外   (b) 前置刀架,+Y 轴向内

图 3-11 刀尖圆弧半径补偿方向的判别

3.4.3 刀具半径补偿的过程

刀具半径补偿的过程分为三步:第一步刀补的建立,刀具中心从编程轨迹重合过渡到与编程轨迹偏离一个偏移量的过程;第二步刀补的进行,执行 G41 或 G42 指令的程序段后,刀具中

心始终与编程轨迹相距一个偏移量;第三步刀补的取消,刀具离开工件,刀具中心轨迹过渡到与编程重合的过程。图 3-12 所示为刀具半径补偿建立与取消的过程。

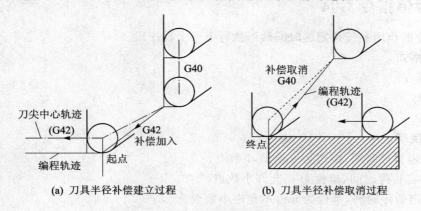

图 3-12 刀具半径补偿的建立与取消

3.4.4 刀尖方位的确定

执行刀具刀尖半径补偿功能时除了和刀具刀尖半径大小有关外,还和刀尖的方位有关。不同的刀具,刀尖圆弧的位置不同,刀具自动偏离零件轮廓的方向就不同。如图 3-13 所示,车刀方位有 9 个,分别用参数 0~9 表示,例如车削外圆表面时,方位为 3。

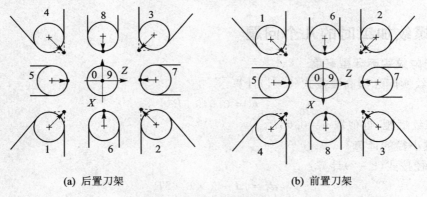

图 3-13 刀尖方位号

3.5 程序走向控制

3.5.1 程序的斜杠跳跃

在程序段的前面编"/"符号,该符号称为斜杠跳跃符号,该程序段称为可跳跃程序段。如下列程序段:

/N10 G00　X100.0;

这样的程序段可以由操作者对程序段和执行情况进行控制。当操作机床使系统的"跳过程序段"信号生效时,程序在执行中将跳过这段程序段;当"跳过程序段"的信号无效时,该程序段照常执行,即与不加"/"符号的程序段相同。

3.5.2 暂停指令 G04

G04 指令的作用是按指定的时间延迟执行下一个程序段。

1. 指令格式

　　G04 X_；

或 G04 U_；

或 G04 P_；

2. 指令说明

● X:指定暂停时间,单位为 s,允许小数点。

● U:指定暂停时间,单位为 s,允许小数点。

● P:指定暂停时间,单位为 ms,不允许小数点。

例如暂停时间为 1.5 s 时,则程序为：

G04 X1.5；

或　G04 U1.5；

或　G04 P1500；

3.6　螺纹加工

3.6.1　螺纹加工时的几个问题

1. 普通螺纹实际牙型高度

普通螺纹实际牙型高度按式(3-1)计算：
$$h = 0.6495P \tag{3-1}$$

式中:P—螺纹螺距,近似取 $h=0.65P$。

2. 螺纹小径的计算

螺纹小径按式(3-2)计算：
$$d_1 = d - 2 \times 0.65P \tag{3-2}$$

其中:d_1——螺纹小径;

　　　d'——螺纹大径;

　　　P——螺纹螺距。

3. 螺纹切削进给次数与背吃刀量的确定

如果螺纹牙型较深,螺距较大,可分次进给,每次进给的背吃刀量为螺纹深度减去精加工背吃刀量,所得的差按递减规律分配。常用螺纹加工的进给次数与背吃刀量见表 3-1。

4. 螺纹起点与螺纹终点轴向尺寸的确定

如图 3-14 所示,由于车削螺纹起始需要一个加速过程,结束前有一个减速过程,为了避免在加速和减速过程中切削螺纹而影响螺距的精度,因此车螺纹时,两端必须设置足够的升速进刀段 δ_1 和减速退刀段 δ_2。在实际生产中,一般 δ_1 值取 2～5 mm,大螺纹和高精度的螺纹取大值;δ_2 值不得大于退刀槽宽度的一半左右,取 1～3 mm。若螺纹收尾处没有退刀槽时,一般按 45°退刀收尾。

表 3-1 常用螺纹加工的进给次数与背吃刀量

	螺距/mm	牙深/mm	切深/mm	走刀次数及每次进给量								
				第1次	第2次	第3次	第4次	第5次	第6次	第7次	第8次	第9次
公制螺纹	1.0	0.65	1.3	0.7	0.4	0.2	—	—	—	—	—	—
	1.5	0.975	1.95	0.8	0.5	0.5	0.15	—	—	—	—	—
	2.0	1.3	2.6	0.9	0.6	0.6	0.4	0.1	—	—	—	—
	2.5	1.625	3.25	1.0	0.7	0.6	0.4	0.4	0.15	—	—	—
	3.0	1.95	3.9	1.2	0.7	0.6	0.4	0.4	0.4	0.2	—	—
	3.5	2.275	4.55	1.5	0.7	0.6	0.6	0.4	0.4	0.15	—	—
	4.0	2.6	5.2	1.5	0.8	0.6	0.6	0.4	0.4	0.4	0.3	0.2

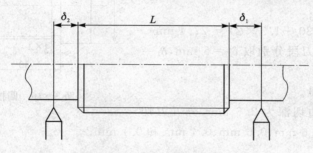

图 3-14 螺纹的进刀和退刀

3.6.2 单行程螺纹切削指令 G32

用 G32 指令可加工固定导程的圆柱螺纹或圆锥螺纹,也可用于加工端面螺纹,但是刀具的切入、切削、切出、返回都靠编程来完成,所以加工程序较长,一般多用于小螺距螺纹的加工。

1. 指令格式

G32 X(U)_ Z(W)_ F_ ;

2. 指令说明

● X、Z 为螺纹切削终点的绝对坐标;其中,X 为直径值。

● U、W 为螺纹切削终点相对切削起点的增量坐标;其中,U 为直径值。

● F 为螺纹的导程单位为 mm。

 提示

◆ 小知识

单线螺纹:导程=螺距

多线螺纹:导程=螺距×螺纹头数

G32 加工圆柱螺纹时每一次加工分四步:进刀(AB)→切削(BC)→退刀(CD)→返回(DA),如图 3-15(a)所示。

G32 加工圆锥螺纹时,切削斜角 α 在 45°以下的圆锥螺纹时,螺纹导程以 Z 方向指定;大于 45°时,螺纹导程以 X 方向指定,如图 3-15(b)所示。

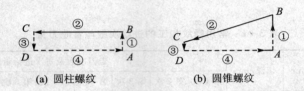

(a) 圆柱螺纹　　　　　(b) 圆锥螺纹

图 3-15　单行程螺纹切削指令 G32 进刀路径

3. 编程示例

【例 3-6】 如图 3-16 所示，螺纹外径已车至 $\phi29.8$ mm，4×2 的退刀槽已加工。用 G32 指令编制该螺纹的加工程序。

(1) 计算螺纹加工尺寸。

螺纹的实际牙型高度：
$$h = 0.65 \times 2 = 1.3 \text{ mm}$$

螺纹实际小径：
$$d_1 = d - 1.3P = (30 - 1.3 \times 2) = 27.4 \text{ mm}$$

升速进刀段和减速退刀段分别取 $\delta_1 = 5$ mm，$\delta_2 = 2$ mm。

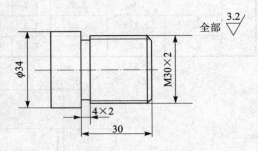

图 3-16　圆柱螺纹加工

(2) 确定背吃刀量。

查表 3-1 得双边切深为 2.6 mm，分五刀切削，分别为 0.9 mm、0.6 mm、0.6 mm、0.4 mm 和 0.1 mm。

(3) 加工程序。

程　序	说　明
N10 G40 G97 G99 S400 M03	主轴正转
N20 T0404	选 4 号螺纹刀
N30 G00 X32.0 Z5.0	螺纹加工起点
N40 X29.1	自螺纹大径 30 mm 进第一刀，切深 0.9 mm
N50 G32 Z-28.0 F2.0	螺纹车削第一刀，螺距为 2 mm
N60 G00 X32.0	X 向退刀
N70 Z5.0	Z 向退刀
N80 X28.5	进第二刀，切深 0.6 mm
N90 G32 Z-28.0 F2.0	螺纹车削第二刀，螺距为 2 mm
N100 G00 X32.0	X 向退刀
N110 Z5.0	Z 向退刀
N120 X27.9	进第三刀，切深 0.6 mm
N130 G32 Z-28.0 F2.0	螺纹车削第三刀，螺距为 2 mm
N140 G00 X32.0	X 向退刀
N150 Z5.0	Z 向退刀
N160 X27.5	进第四刀，切深 0.4 mm

续表

程 序	说 明
N170 G32 Z-28.0 F2.0	螺纹车削第四刀,螺距为 2 mm
N180 G00 X32.0	X 向退刀
N190 Z5.0	Z 向退刀
N200 X27.4	进第五刀,切深 0.1 mm
N210 G32 Z-28.0 F2.0	螺纹车削第五刀,螺距为 2 mm
N220 G00 X32.0	X 向退刀
N230 Z5.0	Z 向退刀
N240 X27.4	原刻度车一刀,切深为 0 mm
N250 G32 Z-28.0 F2.0	原刻度车一刀,螺距为 2 mm
N260 G00 X200.0	X 向退刀
N270 Z100.0	Z 向退刀,回换刀点
N280 M30	程序结束

【例 3-7】 如图 3-17 所示,圆锥螺纹外径已车至小端直径 ϕ19.8 mm,大端直径 ϕ24.8 mm,4×2 的退刀槽已加工,用 G32 指令编制该螺纹的加工程序。

(1) 计算螺纹加工尺寸,如图 3-18 所示。

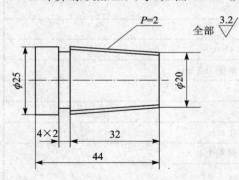
图 3-17 圆锥螺纹加工

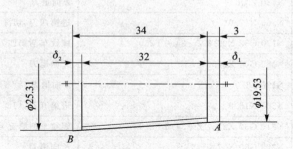
图 3-18 圆锥螺纹加工尺寸计算

螺纹的实际牙型高度:
$$h = 0.65 \times 2 = 1.3 \text{ mm}$$

升速进刀段和减速退刀段分别取 $\delta_1 = 3$ mm,$\delta_2 = 2$ mm。

A 点:$X = 19.5$ mm,$Z = 3$ mm

B 点:$X = 25.3$ mm,$Z = -34$ mm

 提示 ◆ 加工圆锥螺纹时,要特别注意受 δ_1、δ_2 影响后的螺纹切削起点与终点坐标,以保证螺纹锥度的正确性。

(2) 确定背吃刀量。

查表得双边切深为 2.6 mm，分五刀切削，分别为 0.9 mm、0.6 mm、0.6 mm、0.4 mm 和 0.1 mm。

（3）加工程序。

程　序	说　明
N10 G40 G97 G99 S400 M03	主轴正转
N20 T0404	选 4 号螺纹刀
N30 G00 X27.0 Z3.0	螺纹加工起点
N40 X18.6	进第一刀，切深 0.9 mm
N50 G32 X24.4 Z－34.0 F2.0	螺纹车削第一刀，螺距为 2 mm
N60 G00 X27.0	X 向退刀
N70 Z3.0	Z 向退刀
N80 X18.0	进第二刀，切深 0.6 mm
N90 G32 X23.8 Z－34.0 F2.0	螺纹车削第二刀，螺距为 2 mm
N100 G00 X27.0	X 向退刀
N110 Z3.0	Z 向退刀
N120 X17.4	进第三刀，切深 0.6 mm
N130 G32 X23.2 Z－34.0 F2.0	螺纹车削第三刀，螺距为 2 mm
N140 G00 X27.0	X 向退刀
N150 Z3.0	Z 向退刀
N160 X17.0	进第四刀，切深 0.4 mm
N170 G32 X22.8 Z－34.0 F2.0	螺纹车削第四刀，螺距为 2 mm
N180 G00 X27.0	X 向退刀
N190 Z3.0	Z 向退刀
N200 X16.9	进第五刀，切深 0.1 mm
N210 G32 X22.7 Z－34.0 F2.0	螺纹车削第五刀，螺距为 2 mm
N220 G00 X27.0	X 向退刀
N230 Z3.0	Z 向退刀
N240 X16.9	原刻度车一刀，切深为 0 mm
N250 G32 X22.7 Z－34.0 F2.0	原刻度车一刀，螺距为 2 mm
N260 G00 X200.0	X 向退刀
N270 Z100.0	Z 向退刀，回换刀点
N280 M30	程序结束

3.6.3　螺纹切削循环指令 G92

G92 为螺纹固定循环指令，可以切削圆锥螺纹和圆柱螺纹，图 3-19(a)所示是圆锥螺纹循环，图 3-19(b)所示是圆柱螺纹循环。刀具从循环点开始，按 A、B、C、D 进行自动循环，最后又回到循环起点 A。其过程是：切入—切螺纹—让刀—返回起始点，图 3-19 中虚线表示快速移动,实线表示按 F 指定的进给速度移动。

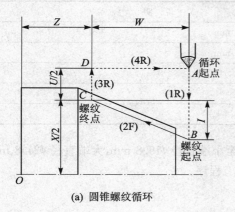
(a) 圆锥螺纹循环

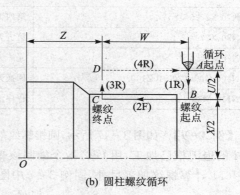
(b) 圆柱螺纹循环

图 3-19 螺纹循环指令 G92

◆ G92 是 FANUC Oi 系统中使用最多的螺纹加工指令。
◆ 加工多头螺纹时的编程,应在加工完一个头后,用 G00 或 G01 指令将车刀轴向移动一个螺距,然后再按要求编写车削下一条螺纹的加工程序。

1. 指令格式:
G92 X(U) Z(W) R F ;

2. 指令说明
● X、Z 为螺纹终点的绝对坐标。
● U、W 为螺纹终点相对于螺纹起点的坐标增量。
● F 为螺纹的导程(单线螺纹时为螺距)。
● R 为圆锥螺纹起点和终点的半径差。当圆锥螺纹起点坐标大于终点坐标时为正,反之为负。加工圆柱螺纹时,R 为零,省略。

3. 编程示例

【例 3-8】 如图 1-63 所示,螺纹外径已车至 $\phi 29.8$ mm,4×2 的退刀槽已加工,零件材料为 45 钢,用 G92 指令编制该螺纹的加工程序。
(1) 螺纹加工尺寸计算,同例 1。
(2) 确定背吃刀量,同例 1。
(3) 加工程序。

程 序	说 明
N10 G40 G97 G99 S400 M03	主轴正转
N20 T0404	选 4 号螺纹刀
N30 G00 X31.0 Z5.0	螺纹加工起点
N40 G92 X29.1 Z-28.0 F2.0	螺纹车削循环第一刀,切深 0.9 mm,螺距 2 mm
N50 X28.5	第二刀,切深 0.6 mm
N60 X27.9	第三刀,切深 0.6 mm

续表

程　序	说　明
N70 X27.5	第四刀,切深 0.4 mm
N80 X27.4	第五刀,切深 0.1 mm
N90 X27.4	光一刀,切深为 0
N100 G00 X200.0 Z100.0	回换刀点
N110 M30	程序结束

【例 3-9】 如图 3-17 所示,圆锥螺纹外径已车至小端直径 ϕ19.8 mm,大端直径 ϕ24.8 mm,4×2 的退刀槽已加工,用 G92 指令编制该螺纹的加工程序。

(1) 计算螺纹加工尺寸,同例 3-7 中图 3-18。

$$R = \frac{19.5}{2} - \frac{25.3}{2} = -2.9 \text{ mm}$$

提示　◆ 对于圆锥螺纹中的 R,在编程时,除要注意有正负之分外,还要根据不同长度来确定 R 值的大小,以保证螺纹锥度的正确性。

(2) 确定背吃刀量。

同例 2,分五刀切削,分别为 0.9 mm、0.6 mm、0.6 mm、0.4 mm 和 0.1 mm。

(3) 加工程序。

程　序	说　明
N10 G40 G97 G99 S400 M03	主轴正转
N20 T0404	选 4 号螺纹刀
N30 G00 X27.0 Z3.0	螺纹加工循环起点
N40 G92 X24.4 Z−34.0 R−2.9 F2.0	螺纹车削循环第一刀,切深 0.9 mm,螺距为 2 mm
N50 X23.8	第二刀,切深 0.6 mm
N60 X23.2	第三刀,切深 0.6 mm
N70 X22.8	第四刀,切深 0.4 mm
N80 X22.7	第五刀,切深 0.1 mm
N90 X22.7	光一刀,切深为 0
N100 G00 X200.0 Z100.0	回换刀点
N110 M30	程序结束

3.6.4　螺纹切削复合循环指令 G76

G76 指令用于多次自动循环切削螺纹,切深和进刀次数等设置后可自动完成螺纹的加工,如图 3-20 所示。G76 指令经常用于不带退刀槽的圆柱螺纹和圆锥螺纹的加工。

1. 指令格式

G76 P(m)(r)(α) Q(Δd_{min}) R(d);

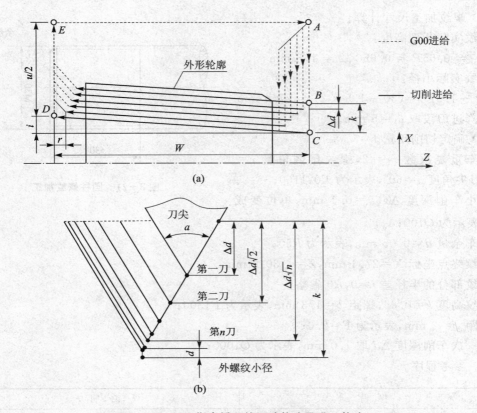

图 3-20 G76 指令循环的运动轨迹及进刀轨迹

G76 X(U)_Z(W)_R(i) P(k) Q(Δd) F(f);

2. 指令说明

- m 为精车重复次数,取值范围为 1~99,该值为模态值。
- r 为螺纹尾部倒角量(斜向退刀),是螺纹导程(L)的 0.1~9.9 倍,以 0.1 为一档逐步增加,设定时用 00~99 之间的两位整数来表示。
- $α$ 为刀尖角度,可以从 80°、60°、55°、30°、29°和 0° 6 个角度中选择,用两位整数表示,常用 60°、55°和 30° 3 个角度。
- m、r 和 $α$ 用地址 P 同时指定,例如:$m=2$,$r=1.2L$,$α=60°$,表示为 P021260。
- $Δd_{min}$ 为切削时的最小背吃刀量,用半径编程,单位为微米(μm)。
- d 为精车余量,用半径编程。
- X(U)、Z(W) 为螺纹终点坐标。
- i 为螺纹半径差,与 G92 中的 R 相同。其中,$i=0$ 时,为直螺纹。
- k 为螺纹高度,用半径值指定,单位为微米(μm)。
- $Δd$ 为第一次车削深度,用半径值指定。
- f 为螺距。

3. 编程示例

【**例 3-10**】 如图 3-21 所示,螺纹外径已车至 ϕ29.8 mm,零件材料为 45 钢。用 G76 指令编写螺纹的加工程序。

(1) 螺纹加工尺寸计算。

螺纹实际牙型高度：
$$h_1 = 0.65P = 0.65 \times 2 = 1.3 \text{ mm}$$

螺纹实际小径：
$$d' = d - 1.3P = (30 - 1.3 \times 2) = 27.4 \text{ mm}$$

升降进刀段取 $\delta_1 = 5$ mm。

(2) 确定切削用量。

精车重复次数 $m = 2$，螺纹尾倒角量 $r = 1.1L$，刀尖角度 $\alpha = 60°$，表示为 $P021160$；

最小车削深度 $\Delta d_{\min} = 0.1$ mm，单位变成 μm，则表示为 $Q100$；

精车余量 $d = 0.05$ mm，表示为 $R50$；

螺纹终点坐标 $X = 27.4$ mm，$Z = -30.0$ mm；

螺纹部分的半径差 $i = 0$，$R0$ 省略；

螺纹高度 $k = 0.65$，螺距 $p = 1.3$ mm，表示为 $P1300$；

螺距 $f = 2$ mm，表示为 $F=2.0$；

第一次车削深度 Δd 取 1.0 mm，表示为 $Q1000$；

(3) 参考程序。

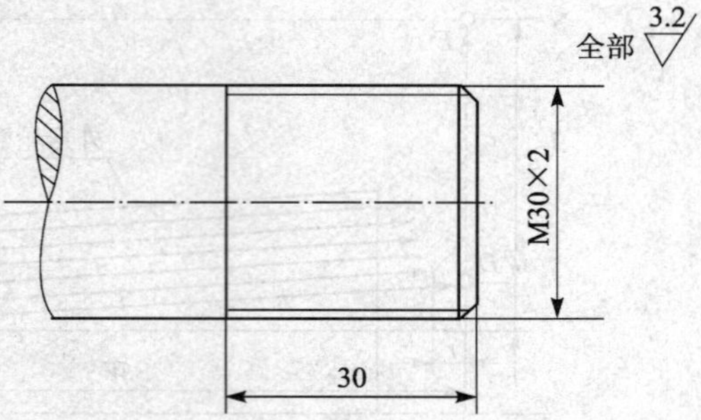

图 3-21 圆柱螺纹加工

程序	说明
N10 G40 G97 G99 S400 M03	主轴正转，转速 400 r/min
N20 T0404	螺纹刀 T04
N40 G00 X32.0 Z5.0	螺纹加工循环起点
N50 G76 P021160 Q100 R50	螺纹车削复合循环
N60 G76 X27.4 Z−30.0 P1300 Q1000 F2.0	螺纹车削复合循环
N70 G00 X200.0 Z100.0	回换刀点
N80 M30	程序结束

3.7 固定循环指令

3.7.1 外径/内径切削循环指令 G90

G90 指令主要用于圆柱面和圆锥面的循环切削，如图 3-22 所示。刀具从 A 点开始，沿 X 轴快速移动到 B 点，再以 F 指令的进给速度切削到 C 点，以切削进给速度退到 D 点，最后快速退回到出发点 A，完成一个切削循环，从而简化编程。

1. 指令格式

圆柱切削循环：G90 X(U)_Z(W)_F_；

圆锥切削循环：G90 X(U)_Z(W)_R_F_；

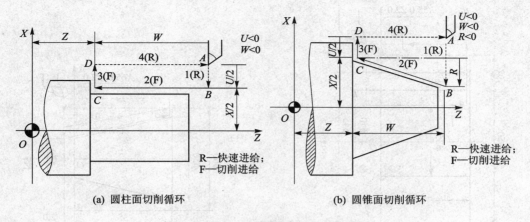

(a) 圆柱面切削循环　　　　　(b) 圆锥面切削循环

图 3-22　外径/内径切削循环指令 G90

2. 指令说明

- X、Z 为切削终点的绝对坐标。
- U、W 为切削终点相对于循环起点的坐标增量。
- R 为圆锥面切削起点和切削终点的半径差。若起点坐标值大于终点坐标值时，（X 轴方向），R 为正，反之 R 为负。
- F 为进给量，应根据切削要求确定。

 提示
◆ G90 指令中 F 的含义与 G92 指令中 F 的区别。
◆ G90 指令中 F 的含义与 G92 指令中的 R 含义相同。

3. 编程示例

【例 3-11】 图 3-23 所示为圆柱面切削。加工一个 φ50 mm 的工件，固定循环的起始点为 X55.0, Z2.0 背吃刀量为 2.5 mm，用 G90 指令编写的加工程序如下。

程　序	说　明
N10 G40 G97 G99 M03 S600	主轴正转，转速 600 r/min
N20 T0101	换 1 号外圆车刀
N30 G00 X55.0 Z2.0	快速进刀至循环起点
N40 G90 X45.0 Z−25.0 F0.2	外圆切削循环第一次
N50 X40.0	外圆切削循环第二次
N60 X35.0	外圆切削循环第三次
N70 G00 X200.0 Z100.0	快速回换刀点
N80 M30	程序结束

【例 3-11】 图 3-24 所示为圆锥面切削。加工一个 φ60 mm 的工件，固定循环的起始点为 X65.0, Z2.0 背吃刀量为 5 mm，用 G90 指令编写的加工程序如下。

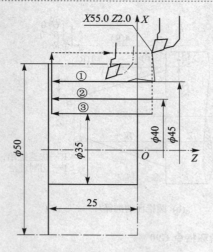
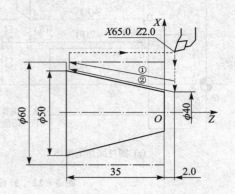

图 3-23 圆柱面切削　　　　　图 3-24 圆锥面切削

程序	说明
N10 G40 G97 G99 M03 S600	主轴正转，转速 600 r/min
N20 T0101	换 1 号刀
N30 G42 G00 X65.0 Z2.0	建立刀具半径右补偿，快速进刀至循环起点
N40 G90 X60.0 Z-35.0 R-5.0 F0.2	锥面切削循环第一次
N50 X50.0	锥面切削循环第二次
N60 G40 G00 X200.0 Z100.0	取消刀具半径补偿，快速回换刀点
N70 M30	程序结束

3.7.2 端面切削循环指令 G94

G94 指令与 G90 指令的使用方法类似，可以互相代替。G90 指令主要用于轴类零件的切削，G94 指令主要用于大小径之差较大而轴向台阶长度较短的盘类工件端面切削。G94 指令的特点是选用刀具的端面切削刃作为主切削刃，以车端面的方式进行循环加工。G90 指令与 G94 指令的区别在于：G90 指令是在工件径向作分层粗加工，而 G94 指令是在工件轴向作分层粗加工，如图 3-25 所示。

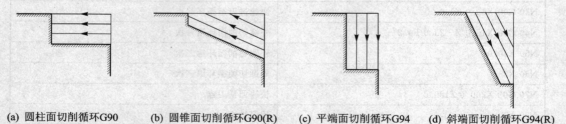

(a) 圆柱面切削循环G90　　(b) 圆锥面切削循环G90(R)　　(c) 平端面切削循环G94　　(d) 斜端面切削循环G94(R)

图 3-25 固定循环的选择

1. 指令格式

平端面切削循环：G94 X(U)_Z(W)_F_；

斜端面切削循环：G94 X(U)_Z(W)_R_F_；

2. 指令说明

X、Z、U、W、F、R 的含义与 G90 指令相同。

3. 编程示例

【例 3-13】 如图 3-26 所示，加工一个 ϕ30 mm 的工件，固定循环的起始点为 X85.0，Z5.0 背吃刀量为 5 mm，用 G94 指令编写的加工程序如下。

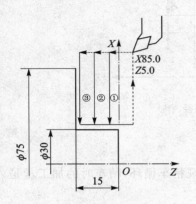

程 序	说 明
N10 G40 G97 G99 M03 S600	主轴正转，转速 600 r/min
N20 T0101	换 1 号刀
N30 G00 X85.0 Z5.0	快速进刀至循环起点
N40 G94 X30.0 Z-5.0 F0.2	端面切削循环第一次
N50 Z-10.0	端面切削循环第二次
N60 Z-15.0	端面切削循环第三次
N70 G00 X200.0 Z100.0	取消刀具半径补偿，快速回换刀点
N80 M30	程序结束

图 3-26 G94 的应用

3.8 复合循环指令

使用复合循环指令时，只需在程序中编写最终走刀轨迹及每次的背吃刀量等加工参数，机床即自动重复切削，完成从粗加工到精加工的全部过程。

3.8.1 外圆粗车复合循环指令 G71

G71 指令用于切除棒料毛坯的大部分加工余量。

1. 指令格式

G71　U(Δd)　R(e)；
G71　P(ns)　Q(nf)　U(Δu)　W(Δw)　F_S_T_；

2. 指令说明

● Δd 为每次切削深度（半径量），无正负号。

● e 为径向退刀量（半径量）。

● ns 为精加工路线的第一个程序段的顺序号。

● nf 为精加工路线的最后一个程序段的顺序号。

● Δu 为 X 方向上的精加工余量（直径值）。加工内径轮廓时，为负值。

● Δw 为 Z 方向上的精加工余量。

图 3-27 所示为外圆粗车循环指令 G71 的走刀路线。

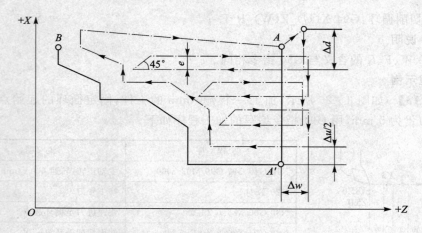

图 3-27 外圆粗车循环指令 G71 的路径

3.8.2 精加工复合循环指令 G70

使用 G71、G72 或 G73 指令完成粗加工后,用 G70 指令实现精车循环,精车时的加工量是粗车循环时留下的精车余量,加工轨迹是工件的轮廓线。

1. 指令格式

G70 P(ns) Q(nf);

2. 指令说明

● ns 为精加工路线的第一个程序段的顺序号。
● nf 为精加工路线的最后一个程序段的顺序号。

【例 3-14】 编写如图 3-28 所示零件的加工程序。

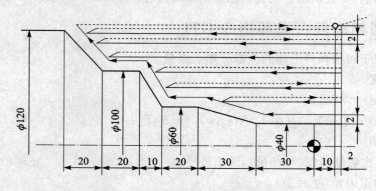

图 3-28 外圆精加工循环举例

程 序	说 明
N10 G40 G97 G99 M03 S500	主轴正转,转速 500 r/min
N20 T0101	换 1 号刀
N30 G00 X120.0 Z10.0;	快速进刀至循环起点
N40 G71 U2.0 R1.0;	设定粗车时每次的切削深度和退刀距离
N50 G71 P60 Q120 U1.0 W0.1 F0.2;	指定精车路线及精加工余量

续表

程 序	说 明
N60 G00 X40.0 S800;	精加工外形轮廓起始程序段
N70 G01 Z-30.0 F0.1;	
N80 X60.0 Z-60.0	
N90 Z-80.0;	
N100 X100.0 Z-90.0;	
N110 Z-110.0	
N120 X120.0 Z-130.0;	精加工外形轮廓结束程序段
N130 G70 P60 Q120;	精加工循环
N140 G00 X200.0 Z100.0	取消刀具半径补偿,快速回换刀点
N150 M30	程序结束

3.8.3 端面粗车复合循环指令 G72

G72 指令适用于对大小径之差较大而长度较短的盘类工件端面复杂形状粗车,其走刀方向如图 3-29 所示。

指令格式：G72 W(Δd) R(e);
　　　　　G72 P(ns) Q(nf) U(Δu) W(Δw) F_S_T_;

注意事项

● 只有此处与 G71 指令稍有不同,表示 Z 向每次进刀的切削深度,走刀方向为端面方向,其余各参数的含义与 G71 指令完全相同。

3.8.4 固定形状粗车循环指令 G73

G73 指令主要用于加工毛坯形状与零件轮廓形状基本接近的铸造成型、锻造成型或已粗车成型的工件,如果是外圆毛坯直接加工,会走很多空刀,将降低加工效率。

1. 指令格式

G73 U(Δi) W(Δk) R(d);
G73 P(ns) Q(nf) U(Δu) W(Δw) F_S_T_;

2. 指令说明

● Δi 为 X 方向上的总退刀量(半径值)。
● Δk 为 Z 方向的总退刀量。
● d 为循环次数。

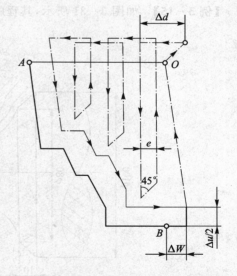

图 3-29 端面粗车复合循环指令 G72 的路径

- 其余各参数的含义与 G71 指令相同。

图 3-30 所示为固定形状粗车循环指令 G73 的路径。

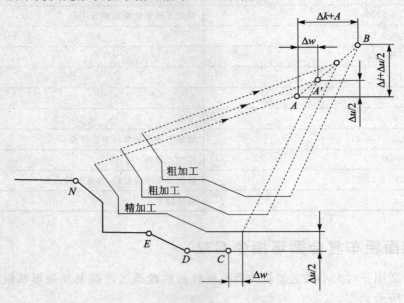

图 3-30　固定形状粗车循环指令 G73 的路径

3. 编程示例

【例 3-15】　如图 3-31 所示，其程序如下。

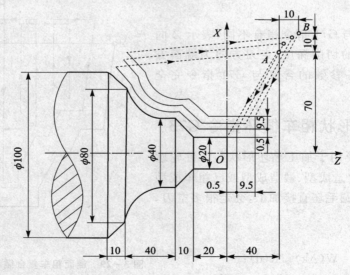

图 3-31　G73 指令的应用

程　序	说　明
N10 T0101	换 1 号刀
N20 M03 S500	主轴正转，转速 500 r/min
N30 G00 X140.0 Z40.0	快速到达 A 点

续表

程 序	说 明
N40 G73 U9.5 W9.5 R3	使用 G73 功能
N50 G73 P60 Q110 U1.0 W0.5 F0.3	
N60 G00 X20.0 Z0.0	
N70 G01 Z−20.0 F0.1 S1000	车 ϕ20 mm 外圆
N80 X40.0 Z−30.0	车锥面
N90 Z−50.0	车 ϕ40 mm 外圆
N100 G02 X80.0 Z−70.00 R20.0	车圆弧面
N110 G01 X100.0 Z−80.0	车锥面
N120 G70 P60 Q110	精车循环
N130 G00 X200.0 Z100.0	快速回换刀点
N140 M30	程序结束

在上述程序中,刀尖从起始点(200.0,100.0)出发,执行 N30 段走到 A 点($X140.0, Z40.0$)。接下去从 N40 开始进入 G73 循环。首先刀尖从 A 点退到 B 点,退出距离在 X 方向上为 $\Delta i + \Delta u/2 = (9.5+0.5) = 10$ mm,在 Z 方向上为 $\Delta k + \Delta w = (9.5+0.5) = 10$ mm,第一刀从 B 点起刀,快速接近工件轮廓后开始切削。轮廓形状是由 N60~N110 段程序运动指令给定的。第一刀后剩余量为从 A 点退到 B 点时的移动量,从第二刀起粗加工每刀切削余量相同。每一刀的切削余量为 R 指令的次数减 1 再平分 Δi 和 Δk。在上述程序中,粗加工共走三刀,第一刀后留有粗加工余量 9.5 mm,剩下二刀平分 9.5 mm,每刀 4.75 mm,走完第三刀后刀尖回到 A 点,循环结束。以下执行 G70 程序段,以完成精加工。

注意事项

- G70 指令与 G71、G72、G73 配合使用时,不一定紧跟在粗加工程序之后立即进行,通常可以更换刀具,另用一把精加工的刀具来执行 G70 的程序段,但中间不能用 M02 或 M30 指令来结束程序。
- 在使用 G71、G72、G73 进行粗加工循环时,只有在 G71、G72、G73 程序段中的 F、S、T 功能才有效,而包含在 N(ns)~N(nf)程序段中的 F、S、T 功能无效。使用精加工循环指令 G70 时,在 G71、G72、G73 程序段中的 F、S、T 指令都无效,只有在 N(ns)~N(nf)程序段中的 F、S、T 功能才有效。

3.9 子程序

某些被加工的零件中常常会出现几何形状完全相同的加工轨迹,在程序编制中,将有固定顺序和重复模式的程序段作为子程序存放到存储器中,由主程序调用,可以简化程序。

3.9.1 子程序的格式

子程序的的程序格式与主程序基本相同,第一行为程序名,最后一行用 M99 结束。M99

表示子程序结束并返回到主程序或上一级子程序。

3.9.2 子程序的调用

子程序可以在自动方式下调用,其程序段格式为:
M98 P△△△××××;
指令说明:
- △△△表示子程序重复调用次数,取值范围为1~999。若调用一次子程序,可省略。
- ××××表示被调用的子程序名。当调用次数大于1时,子程序名前面的0不可以省略。

例如:M98 P50020 表示调用程序名为 0020 的子程序 5 次;M98 P20 表示调用程序名为 0020 的子程序 1 次。

3.9.3 编程示例

【例3-16】 如图3-32所示,已知毛坯直径为ϕ32 mm,长度为77 mm,1号刀具为外圆车刀,3号刀具为切断刀,宽度为2 mm,其加工程序如下。

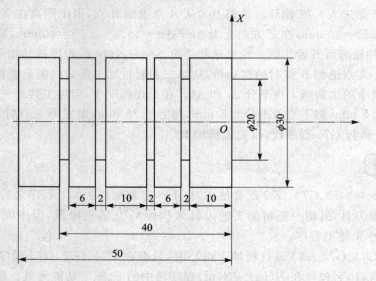

图 3-32 子程序的应用

主程序	说 明
O1000	
N2 T0101	调用1号刀
N4 S800 M03	主轴正转,转速为 800 r/min
N6 G00 X35.0 Z0	快速到达加工准备点,切削液开
N8 G01 X0 F0.3	切端面
N10 G00 X30.0 Z2.0	退刀
N12 G01 Z−55.0 F0.3	车外圆

续表

主程序	说 明
N14 G00 X150.0 Z100.0	退刀
N16 T0303	换3号刀,使用3号补偿
N18 G00 X32.0 Z0	快速到达加工准备点
N20 M98 P21111	调用子程序切槽
N22 G00 W−12.0	Z向进刀
N24 G01 X0 F0.12	切断工件
N26 G04 X2.0	暂停2 s
N28 G00 X150.0 Z100.0	返回起始点,切削液关
N30 M30	
子程序	说 明
O1111	
N101 G00 W−12.0	Z向进刀
N102 G01 U−12.0 F0.15	切槽
N103 G04 X1.0	暂停1 s
N104 G00 U12.0	X向退刀
N105 W−8.0	Z向进刀
N106 G01 U−12.0 F0.15	切槽
N107 G04 X1.0	暂停1 s
N108 G00 U12.0	X向退刀
N109 M99	返回主程序

思考与练习

3−1 熟悉单段循环指令的使用方法。

3−2 熟悉复合循环指令的使用方法。

3−3 掌握编程的步骤。

第4章 初学者加工零件应遵循的基本步骤及基础编程实例

> **教学要求**
> ◆ 熟练掌握 FANUC Oi 数控车床系统的使用与操作
> ◆ 熟练掌握图纸的分析方法与步骤

对于刚接触数控编程的学生,老师应要求学生拿到零件图纸后严格按照老师指定的步骤进行。根据多年数控车工实习教学的经验,学生应遵循以下步骤对图纸进行分析加工,如图4-1所示。

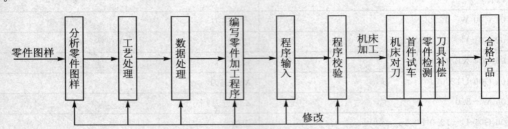

图4-1 数控编程的步骤

1. 分析零件图样和进行工艺处理

在数控机床上加工零件时,零件图是操作者的原始资料,操作者应对零件图样规定的技术特点、几何形状、尺寸及工艺要求进行分析,确定加工方案,选择合适的数控机床,选择、设计刀具和夹具,确定合理的走刀路线,选择合理的切削用量,然后在确定工艺过程中应充分考虑的数控机床的所有功能,做到加工路线短、走刀次数少、换刀次数少等。

2. 进行数据处理

根据零件的形状、尺寸和走刀路线,计算出零件轮廓线上各几何元素的起点、终点和圆弧的圆心坐标。若数控系统没有刀补功能,则应计算刀心轨迹。当用直线、圆弧来逼近非圆曲线时,应计算曲线上各节点的坐标值。

3. 编写零件加工程序

根据工艺过程的先后顺序,用机床规定的代码和程序格式编写零件加工程序单。编程员应对数控机床的性能、程序代码非常熟悉,这样才能编写出正确的零件加工程序。

4. 程序输入

目前常用的方法是通过操作面板上的键盘直接将程序输入数控机床,或插入存储卡输入,或采用微机存储加工程序,经过串行接口将加工程序传入数控装置或计算机直接数控(Direct Numerical Control/Distributed Numerical Contrd,DNC)通信接口,可以边传边加工。

5. 程序校验

通过数控机床的图形模拟功能,可以进行图形模拟加工,检查刀具轨迹是否正确。由于只能大致检查刀具运行轨迹的正确性,而且检验不出对刀误差和因某些计算机误差引起的加工误差及加工精度,所以还要进行首件试切,试切后若发现工件不符合要求,可修改程序或进行刀具尺寸补偿。

4.1 基础编程练习一

加工图4-2所示零件,其材料为45钢,毛坯尺寸为$\phi32\times100$。A、B、C、D四点相对原点O的坐标分别为:$A(X22.8,Z-24.75)$、$B(X18.0,Z-31.25)$、$C(X18.0,Z-44.34)$、$D(X19.48,Z-48.12)$

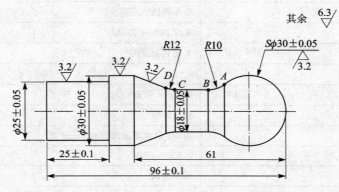

图4-2 球头、锥度、凹圆弧、外圆柱的组合零件

1. 零件图工艺分析

该工件外形简单,工序有车端面、外圆、台阶和圆弧。尺寸要求和表面粗糙度要求都不高,没有形位公差要求,属于比较简单的零件。根据毛坯尺寸,可以采用夹住一端车削另一端的方法。为了保证下一步工序好装夹,可先夹住右端车削左端。由于是入门练习,不采用固定循环,利用最基础的编程方法达到熟练编程的目的。

2. 刀具选择

选择1号刀为90°偏刀,设刀号为T0101;选择2号刀为35°尖刀,设刀号为T0202。

3. 编制程序

(1) 车削左端面。

程　　序	说　　明
%0001	程序名
N10 G54 G00 X100 Z50 T0101	建立坐标系,刀架旋转至1号刀
N20 M03 S800	主轴 800 r/min 正转
N30 M08	冷却液开
N40 G00 X34 Z0	刀具快速定位到起刀点
N50 G01 X2 F100	车端面
N60 G01 X−0.2 F50	车端面过中心

续表

程　序	说　明
N70 G00 X31 Z2	快速退刀
N80 G01 Z－36 F150	粗车毛坯外圆
N90 G00 X32 Z2	X、Z向快速斜退刀（因为尺寸是递增，刀具右边没有阻挡）
N100 G00 X28	X快速进刀
N110 G01 Z－25 F150	粗车外圆
N120 G00 X32 Z2	X、Z向同时快速斜退刀
N130 G00 X26	X向快速进刀
N140 G01 Z－25 F150	粗车外圆
N150 G00 X32 Z2	X、Z向快速斜退刀
N160 G00 X24	X向快速进刀
N170 G01 Z0 F100	
N180 G01 X25 Z－0.5	0.5 mm倒角
N190 G01 Z－25 F150	精车外圆
N200 G01 X29	用G1的速度退刀至ϕ29 mm处
N210 G01 X30 Z－25.5	0.5 mm倒角
N220 G01 Z－36	精车外圆
N230 G00 X100 Z100	快速退刀
N240 M05	主轴停止转动
N250 M00	程序暂停

（2）工件调头，夹住已车削好的一端ϕ25 mm的台阶，车削另一端。把多余的余量分成几层，并计算出每一层的交点坐标，这样一层一层的车削，程序如下。

程　序	说　明
%0002	程序名
N220 G54 G00 X100 Z50	建立坐标系并定位到安全换刀点
N230 M03 S800 T0101	主轴正转800 r/min，并选择1号刀
N240 G00 Z0	Z向快速定位
N250 G01 X2 F100	车端面
N260 G01 X－0.2 F50	车端面过中心
N270 G00 X150 Z100	快速退刀
N280 T0202	选择2号刀（35°尖刀）
N290 G00 X0 Z2.95	快速定位到起刀点
N300 G03 X28.7 Z－24.75 R17.95 F100	粗车R15 mm圆弧
N310 G02 X23.9 Z－31.25 R12.95 F100	粗车R10 mm圆弧
N320 G01 Z－44.34 F150	粗车B点到C点直线
N330 G02 X25.38 Z－48.12 R14.95 F100	粗车R12 mm圆弧

续表

程　序	说　明
N340 G01 X35.9 Z-61	粗车锥度
N350 G00 Z2.2	快速退刀
N360 G00 X0	快速退刀
N370 G03 X27.2 Z-24.75 R17.2 F100	粗车 $R15$ mm 圆弧
N380 G02 X22.4 Z-31.25 R12.2 F100	粗车 $R10$ mm 圆弧
N390 G01 Z-44.34 F150	粗车 B 点到 C 点直线
N400 G02 X23.88 Z-48.12 R14.2 F100	粗车 $R12$ mm 圆弧
N410 G01 X34.4 Z-61 F150	粗车锥度
N420 G00 Z1.45	Z 向快速退刀
N430 G00 X0	X 向快速退刀
N440 G03 X25.7 Z-24.75 R16.45 F100	粗车 $R15$ mm 圆弧
N450 G02 X20.9 Z-31.25 R11.45 F100	粗车 $R10$ mm 圆弧
N460 G01 Z-44.34 F150	粗车 B 点到 C 点直线
N470 G02 X22.38 Z-48.12 R13.45 F100	粗车 $R12$ mm 圆弧
N480 G01 X32.9 Z-61 F150	粗车锥度
N490 G00 Z0.7	Z 向快速退刀
N500 G00 X0	X 向快速退刀
N510 G03 X24.2 Z-24.75 R15.7 F100	粗车 $R15$ mm 圆弧
N520 G02 X19.4 Z-31.25 R10.7 F100	粗车 $R10$ mm 圆弧
N530 G01 Z-44.34 F150	粗车 B 点到 C 点直线
N540 G02 X20.88 Z-48.12 R12.7F100	粗车 $R12$ mm 圆弧
N550 G01 X31.4Z-61 F150	粗车锥度
N560 G00 Z0.25	Z 向快速退刀
N570 G00 X0	X 向快速退刀
N580 G03 X23.3 Z-24.75 R15.25 F100	粗车 $R15$ mm 圆弧
N590 G02 X18.5 Z-31.25 R10.25 F100	粗车 $R10$ mm 圆弧
N600 G01 Z-44.34 F150	粗车 B 点到 C 点直线
N610 G02 X19.98 Z-48.12 R12.25 F100	粗车 $R12$ mm 圆弧
N620 G01 X30.5 Z-61 F150	粗车锥度
N630 G00 Z0.5	Z 向快速退刀
N640 G00 X0	X 向快速退刀
N650 S1000	精车转速 1 000 r/min
N660 G01 Z0 F50	以 G01 的速度定位到精车圆弧的起点
N670 G03 X22.8 Z-24.75 R15 F100	精车 $R15$ mm 圆弧
N680 G02 X18 Z-31.25 R10 F100	精车 $R10$ mm 圆弧
N690 G01 Z-44.34 F150	精车 B 点到 C 点直线

续表

程　序	说　明
N700 G02 X19.48 Z－48.12 R12 F100	精车 R12 mm 圆弧
N710 G01 X30 Z－61 F150	精车锥度
N720 M05	主轴停止转动
N730 M09	冷却液关闭
N740 M30	程序结束并返回到程序开始

4.2　基础编程练习二

加工图 4-3 所示零件,其材料为 45 钢,毛坯尺寸为 $\phi34\times100$。A、B、C 三点相对原点 O 的坐标分别为:$A(X22.54,Z-43.87)$、$B(X27.0,Z-52.78)$、$C(X30.0,Z-56.74)$。

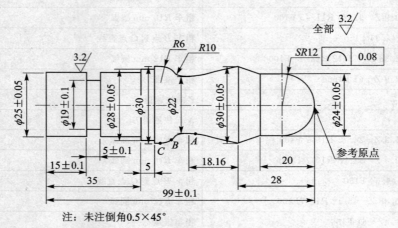

图 4-3　凸半圆弧、锥度、凹圆弧、沟槽、外圆柱的组合零件

1. 零件图工艺分析

该工件复杂程度一般,工序有车端面、外圆、锥度、切槽、台阶和圆弧。尺寸要求和表面粗糙度要求都不高。根据毛坯尺寸,可以采用夹住一端车削另一端的方法。为了保证下一步工序好装夹,可先夹住右端毛坯车削左端。由于是入门练习,不采用循环指令,利用最基础的编程方法达到熟练编程的目的。

2. 刀具选择

选择 1 号刀为 90°右偏刀,设刀号为 T0101;选择 2 号刀为 35°尖刀,设刀号为 T0202;选择 3 号刀为 3 mm 宽切槽刀,设刀号为 T0303;

3. 编制程序

(1) 车削左端面。

程　序	说　明
%0001	程序名
N10 G54 G00 X100 Z50	建立坐标系,定位到安全换刀点
N20 M03 S800 T0101	主轴 800 r/min 正转,刀架旋转至 1 号刀位
N30 G00 X34 Z0	刀具快速移动至起刀点
N40 G01 X0 F100	车削端面
N50 G00 X30.5 Z2	快速退刀
N60 G01 Z－40 F150	粗车外圆至 ϕ30.5 mm
N70 G00 X34 Z2	快速退刀
N80 G00 X28.5	快速进刀至 ϕ28.5 mm
N90 G01 Z－40 F150	粗车外圆
N100 G00 X34 Z2	快速退刀
N110 G00 X25.5	快速进刀至 ϕ25.5 mm
N120 G01 Z－35 F150	粗车外圆
N130 G00 X27 Z2	快速退刀
N140　M03 S1200	提高转速
N150 G00 X24 Z2	快速进刀至起刀点
N170 G01 Z0 F100	进刀到零面
N180 G01 X25 Z－0.5 F100	0.5 mm 倒角
N160 G01 Z－35 F140	精车各台阶轴
N170 G01 X27	0.5 mm 倒角
N180 G01 X28 Z－35.5	精车外圆
N190 G01 Z－40	
N200 G01 X29	
N210 G01 X30 Z－40.5	0.5 mm 倒角
N220 G01 Z－43	精车外圆
N230 G01 X35	
N240 G00 X100 Z50	快速退刀至换刀点
N250 T0303	换 3 号切槽刀
N260 M03 S300	降低转速 300 r/min
N270 G00 X35 Z2	快速进刀至切槽起点
N280 G00 Z－18	快速 Z 向进刀
N290 G00 X26	快速向 X 向进刀
N300 G01 X19.05 F50	以 G01 的速度切槽至 ϕ19.05 mm
N320 G01 X26 F100	以 G01 的速度退刀
N330 G01 Z－20	Z 向进刀
N340 G01 X19 F50	切槽至 ϕ19 mm
N350 G01 Z－18	以 G01 的速度车削槽子底部至 Z－18 处

续表

程　序	说　明
N360 G01 X26	以 G01 的速度退刀
N370 G00 X100 Z50	快速退刀到安全点
N380 M05	主轴停
N390 M30	程序结束

（2）工件调头夹住已车削好的一端 $\phi25$ mm 的台阶，车削另一端。把多余的余量分成几刀车削，并找出每一刀的交点坐标，这样一层一层的车削，程序如下。

程　序	说　明
%0002	程序名
N400 G54 G00 X100 Z50	建立坐标系并定位到安全换刀点
N410 M03 S800 T0101	主轴正转 800 r/min 并选择 1 号刀（90°右偏刀）
N420 G00 X36　Z0	快速定位到起刀点
N430 G01 X－0.2　F50	车端面
N440 G00 X50 Z100	快速退刀到安全点
N450 T0101	选择 1 号刀（90°右偏刀）
N460 M03 S800	主轴正转 800 r/min
N470 G00 X30.5 Z2	快速定位到起刀点
N480 G01 Z－60 F150	粗车零件右端外圆
N490 G00 X32 Z2	快速退刀
N500 G00 X29	快速进刀粗车右端外圆和锥度到 Z－27 处，第一刀
N510 G01 Z－20 F150	
N520 G01 X31 Z－28	
N530 G00 Z2	
N540 G00 X27	第二刀
N550 G01 Z－20 F150	
N560 G01 X31 Z－28	
N570 G00 Z2	
N580 G00 X24.5	第三刀
N590 G01 Z－20 F150	
N600 G01 X30.5 Z－28	
N610 G00 Z2	退刀
N620 G00 X20	快速进刀
N630 G01 Z0.5 F150	
N640 G03 X24.5 Z－12 R12 F100	粗车半圆弧第一刀
N650 G00 Z2	

续表

程　序	说　明
N660 G00 X15	
N670 G01 Z0.5 F100	
N680 G03 X24.5 Z−12 R12 F100	第二刀
N690 G00 Z2	
N700 G00 X10	
N710 G01 Z0.5 F100	
N720 G03 X24.5 Z−12 R12 F100	第三刀
N730 G00 Z2	
N740 G00 X5	
N750 G01 Z0.5 F100	
N760 G03 X24.5 Z−12 R12 F100	第四刀
N770 G00 Z2	
N780 G00 X0	
N790 G01 Z0.5 F100	
N800 G03 X24.5 Z−12 R12 F100	第五刀
N810 G00 X100 Z100	快速退刀至安全换刀点
N810　T0202	选择2号刀(35°尖刀)
N820 G00 X31 Z−28	快速进刀至起刀点,粗车从点($X30, Z−28$)至C点处
N830 G01 X30.5 F100	第一刀
N840 G01 X29 Z−43.87	
N850 G02 X29.5 Z−52.78 R10 F100	
N860 G03 X30.5 Z−56.74 R6 F100	
N870 G00 X31 Z−28	
N880 G01 X30.5 F100	第二刀
N890 G01 X27.5 Z−43.87	
N900 G02 X28 Z−52.78 R10 F100	
N910 G03 X30.5 Z−56.74 R6 F100	
N920 G00 X31 Z−28	
N930 G01 X30.5 F100	第三刀
N940 G01 X26 Z−43.87	
N950 G02 X27.5 Z−52.78 R10 F100	
N960 G03 X30.5 Z−56.74 R6 F100	
N970 G00 X31 Z−28	
N980 G01 X30.5 F100	第四刀
N990 G01 X24.5 Z−43.87	

续表

程 序	说 明
N1000 G02 X27.5 Z−52.78 R10 F100	
N1010 G00 X31	
N1020 G01 X30.5	第五刀
N1030 G01 X23 Z−43.87	
N1040 G02 X27.5 Z−52.78 R10 F100	
N1050 G00 X32	快速退刀
N1060 G00 Z2	
N1070 M03 S1000	提高转速至 1 000 r/min
N1080 G00 X0	精车零件右端至图纸尺寸
N1090 G01 Z0 F50	车刀定位到 Z 0 面
N1100 G01 X−0.2	车削端面过中心
N1110 G01 X0	退刀到中心
N1120 G03 X24 Z−12 R12 F100	车削 R12 mm 圆弧
N1130 G01 Z−20 F100	车削 ϕ24 mm 外圆
N1140 G01 X30 Z−28	车削锥度
N1150 G01 X22.54 Z−43.87	车削锥度
N1160 G02 X27 Z−52.78 R10 F100	车削 R10 mm 圆弧
N1170 G03 X30 Z−56.74 R6 F100	车削 R6 mm 圆弧
N1180 G01 Z−60 F150	车削 ϕ30 mm 外圆
N1190 G00 X50	快速 X 向退刀至安全点
N1200 G00 Z100	快速 Z 向退刀
N1210 M05	主轴停止转动
N1220 M30	程序结束并返回到程序开始

4.3　基础编程练习三

加工图 4-4 所示零件,其材料为 45 钢,毛坯尺寸为 ϕ32×100。

1. 零件图工艺分析

该工件外形简单,工序有车端面、外圆、锥度、三角螺纹、切槽和圆弧。尺寸要求和表面粗糙度要求都不高。根据毛坯尺寸,可以采用夹住一端车削另一端的方法。这里可先夹住毛坯右端车削左端。由于是入门练习,不采用循环指令,利用最基础的编程方法达到熟练编程的目的。

2. 刀具选择

选择 1 号刀为 90°右偏刀,设刀号为 T0101;选择 2 号刀为 35°尖刀,设刀号为 T0202;选择 3 号刀为 3 mm 宽切槽刀,设刀号为 T0303;选择 4 号刀为三角螺纹车刀,设刀号为 T0404。

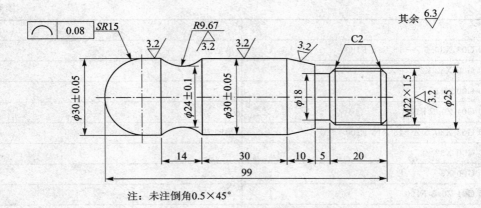

图 4-4 半圆弧、锥度、凹圆弧、凸圆弧、沟槽、螺纹、外圆柱的组合零件

3. 编制程序

（1）车削左端面。

程　序	说　明
%0001	程序名
N10 G54 G00 X100 Z50	建立坐标系，定位到安全换刀点
N20 M03 S800 T0101	主轴 800 r/min 正转，刀架旋转至 1 号刀位
N30 M08	冷却液开
N40 G00 X33 Z2	快速移动到起刀点
N50 G01 Z0 F100	
N60 G01 X2	车端面
N70 G01 X-0.2	车端面过中心
N80 G00 X30.5 Z2	快速退刀至下一刀的起刀点
N80 G01 Z-65 F100	粗车左端外圆
N90 G00 X33	快速退刀
N100 G00 Z2	快速退刀
N110 G00 X26	快速进刀
N120 G01 Z0.5 F100	以 G01 的速度靠近起刀点
N130 G03 X30.5 Z-15 R15 F100	粗车 R15 mm 的半圆弧第一刀
N140 G00 X32 Z2	
N150 G00 X21	
N160 G01 Z0.5 F100	
N170 G03 X30.5 Z-15 R15 F100	第二刀
N180 G00 X32 Z2	
N190 G00 X16	
N200 G01 Z0.5 F100	

续表

程 序	说 明
N210 G03 X30.5 Z-15 R15 F100	第三刀
N220 G00 X32 Z2	
N230 G00 X11	
N240 G01 Z0.5 F100	
N250 G03 X30.5 Z-15 R15 F100	第四刀
N260 G00 X32 Z2	
N270 G00 X6	
N280 G01 Z0.5 F100	
N290 G03 X30.5 Z-15 R15 F100	第五刀
N300 G00 X32 Z2	
N310 G00 X2	
N320 G01 Z0.5 F100	
N330 G03 X30.5 Z-15 R15 F100	第六刀
N340 G00 X80 Z100	快速退刀
N350 T0202	选择2号刀
N360 G00 X32 Z-20	快速进刀到起刀点
N370 G02 X32 Z-34 R9.67 F100	粗车 R9.67 mm 的凹槽第一刀
N380 G01 X31 F80	
N390 G02 X31 Z-34 R9.67 F100	第二刀
N400 G00 Z-20	
N410 G01 X30.5 F100	
N420 G02 X30.5 Z-34 R9.67 F100	第三刀
N430 G00 X35 Z2	
N440 M3 S1200	提高转速至 1 200 r/min
N450 G00 X32 Z0	精车工件左端各尺寸
N460 G01 X-0.5 F80	
N470 G01 X0	
N480 G03 X30 Z-15 R15 F100	
N490 G01 Z-20 F120	
N500 G02 X30 Z-34 R9.67 F100	
N510 G01 Z-65	
N520 G00 X100 Z50	快速退刀至安全处点
N530 M05	主轴停止转动
N540 M30	程序结束并返回到程序开始

(2) 工件调头夹住已车削好的 ϕ30 mm 的外圆,车削另一端,程序如下。

第4章 初学者加工零件应遵循的基本步骤及基础编程实例

程 序	说 明
%0002	程序名
N10 G54 X100 Z50	建立坐标系
N20 M03 S1000 T0101	主轴1 000 r/min正转，选择1号刀
N30 G00 X30.5 Z2	快速移动到起刀点
N40 G01 Z−35 F150	粗车工件右端外圆
N50 G00 X34 Z2	
N60 G00 X27	
N70 G01 Z−25 F150	
N80 G01 X30.5 Z−35	
N90 G00 Z2	
N100 G00 X25	
N110 G01 Z−25 F150	
N120 G01 X30.5 Z−35	
N130 G00 Z2	
N140 G01 X23 F150	
N150 G01 Z−25	
N160 G01 X30.5 Z−35	
N170 S1200	提高转速至1 200 r/min
N180 G00 Z2	精车右端外圆及锥度
N190 G00 X18	
N200 G01 Z0 F100	
N210 G01 X21.75 Z−2	2 mm倒角
N220 G01 Z−25	
N230 G01 X30 Z−35	
N240 G00 X100 Z50	快速退刀至安全换刀点
N250 M03 T0303	选择3号刀（切槽刀，刀宽3 mm）
N260 S600	降低转速至600 r/min
N270 G00 X24 Z−25	快速移动到起刀点
N280 G01 X18.05 F50	切槽5 mm
N290 G01 X23	
N300 G01 Z−23	
N310 G01 X18.05	
N320 G01 X23 F200	以G01的速度退刀
N330 G01 Z−21	退刀至倒角起点
N340 G01 X21.75 F50	
N350 G01 X19.75 Z−23	倒角螺纹槽的角C1
N360 G01 X18	精车槽

续表

程 序	说 明
N380 G01 Z−25	拉直槽子底部
N400 G01 X22	以 G01 的速度退刀
N410 G00 X100 Z50	快速退刀
N420 T0404	三角螺纹车刀
N430 G00 X24 Z5	循环起点
N440 G92 X21.2 Z−23 F1.5	车削三角螺纹,切削量 0.8 mm
N450 X20.7	切削量 0.5 mm
N460 X20.3	切削量 0.4 mm
N470 X20.15	切削量 0.15 mm
N480 X20.1	切削量 0.05 mm
N490 X20.05	切削量 0.05 mm
N500 M09	冷却液关闭
N510 M05	主轴停止转动
N520 M30	程序结束并返回到程序开始

4.4 基础编程练习四

加工图 4-5 所示零件,其材料为 45 钢,毛坯尺寸为 φ32×100。

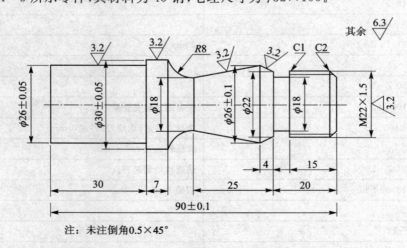

图 4-5 锥度、凹圆弧、沟槽、螺纹、外圆柱的组合零件

1. 零件图工艺分析

该工件采用 φ32/45# 毛坯,外形简单,工序有车端面、外圆、锥度、切槽、螺纹和圆弧。尺寸要求和表面粗糙度要求都不高。根据毛坯尺寸,可以采用夹住一端车削另一端的方法。为了保证下一步工序的装夹,可先夹住毛坯右端车削左端。由于是入门练习,不采用循环指令,利用最基础的编程方法达到熟练编程的目的。

2. 刀具选择

选择 1 号刀为 90°偏刀,设刀号为 T0101;选择 2 号刀为 35°尖刀,设刀号为 T0202;选择 3 号刀为 3 mm 宽切槽刀,设刀号为 T0303;选择 4 号刀为三角螺纹车刀,设刀号为 T0404。

3. 编制程序(使用 FANUC 系统)

(1) 车削左端面。

程　序	说　明
%0001	程序名
N10 G54 X100 Z50	建立坐标系
N20 M03 S800 T0101	主轴正转 600 r/min,选择 1 号刀
N30 M08	
N40 G00 X35 Z0	快速定位到起刀点
N50 G01 X2 F150	车端面
N60 G01 X−0.3 F100	车端面过中心
N70 G00 X30.5 Z2	快速退刀至下一刀的起刀点
N80 G01 Z−40 F150	粗车左端外圆第一刀
N90 G00 X32 Z2	
N100 G00 X28.5	
N110 G01 Z−30 F150	第二刀
N120 G00 X32 Z2	
N130 G00 X26.5	
N140 G01 Z−30 F150	第三刀
N150 G00 X32 Z2	快速退刀
N160 S1200	提高转速至 1 200 r/min
N170 G00 X25	快速进到起刀点
N180 G01 Z0 F100	精车左端各尺寸
N190 G01 X26 Z−0.5	0.5 mm 倒角
N230 G01 Z−40	
N240 G00 X50 Z80	快速退刀至安全位置
N250 M05	主轴停止
N260 M00	程序暂停

(2) 工件调头夹住已车削好的 ϕ30 mm 的外圆,车削另一端,程序如下。

程　序	说　明
%0002	程序名
N270 M03 S800	主轴正转 800 r/min
N280 T0202	选择 2 号刀
N290 G00 X30.5 Z2	快速定位到起刀点

续表

程　序	说　明
N300 G01 Z-54 F150	粗车右端第一刀
N310 G00 X32 Z2	
N320 G00 X28.5	第二刀
N330 G01 Z-45 F150	
N340 G01 X30.5 Z-53	
N350 G00 X32 Z2	
N360 G00 X26.5	第三刀
N370 G01 Z-45 F150	
N380 G01 X30.5 Z-53	
N390 G00 X32 Z2	
N400 G00 X24.5	第四刀
N410 G01 Z-20 F150	
N420 G01 X26.5 Z-24	
N430 G01 X24.5 Z-45	
N440 G03 X30.5 Z-53 R8 F100	
N450 G00 Z2	
N460 G00 X22.5	
N470 G01 Z-20 F150	第五刀
N480 G01 X26.5 Z-24	
N490 G01 X22.5 Z-45	
N500 G03 X30.5 Z-53 R8 F100	
N510 G00 Z-24	
N520 G01 X26.5 F150	第六刀
N530 G01 X20.5 Z-45	
N540 G03 X30.5 Z-53 R8 F100	
N550 G00 Z-24	
N560 G01 X26.5 F100	第七刀
N570 G01 X18.5 Z-45	
N580 G03 X30.5 Z-53 R8 F100	
N590 G00 Z2	
N600 S1200	提高转速至 1 200 r/min
N610 G00 X19	精车右端各尺寸
N620 G01 Z0 F100	
N630 G01 X21.7 Z-2	
N640 G00 Z2	
N650 G00 X18	

续表

程　序	说　明
N660 G01 Z0 F100	
N670 G01 X21.75 Z−2	
N680 G01 Z−20	
N690 G01 X26 Z−24	
N700 G01 X18 Z−45	
N710 G03 X30.5 Z−53 R8 F100	
N720 G00 X50 Z50	
N730 T0303 S600	选择切槽刀转速为 600 r/min
N740 G00 X22 Z−20	快速定位到起刀点
N750 G01 X18.05 F50	切槽和槽子右端的角及精车槽子底部
N760 G01 X22	
N770 G01 Z−18	
N780 G01 X18.05	
N790 G01 X22	
N800 G00 Z−17	
N810 G01 X21.7 F100	
N820 G01 X19.7 Z−18	
N830 G01 X18	
N840 G01 Z−20	
N850 G01 X22	
N860 G00 X50 Z50	快速退刀至安全点
N870 T0404	选择 4 号刀螺纹刀
N880 G00 X23 Z5	螺纹车削循环起点
N890 G92 X21.2 Z−16 F1.5	切削量 0.8 mm
N900 X20.7	切削量 0.5 mm
N910 X20.3	切削量 0.4 mm
N920 X20.15	切削量 0.15 mm
N930 X20.1	切削量 0.05 mm
N940 X20.05	切削量 0.05 mm
N950 M09	冷却液关闭
N960 M05	主轴停止转动
N970 M30	程序结束并返回到程序开始

思考与练习

4−1　熟练掌握基础编程各指令的意义。

第 5 章　单段固定循环指令在数控车床加工中的运用

> **教学要求**
> ◆ 熟练掌握 FANUC Oi 数控系统外圆/锥面切削循环指令 G90
> ◆ 熟练掌握 FANUC Oi 数控系统螺纹切削循环指令 G92
> ◆ 熟练掌握 FANUC Oi 数控系统端面/带锥度的端面切削循环指令 G94

对于一些外形简单、局部余量太大的零件,通常采用单段固定循环指令进行局部余量去除,以达到缩短编程时间、提高工作效率的目的。下面列举几个例子来说明。

外圆/锥面切削循环指令 G90

G90 X(U)_ Z(W)_ I_ F_

其中,I 为锥体大小端半径差。采用编程时,应注意 I 的符号,锥面起点大于终点坐标时为正,反之为负。

螺纹切削循环指令 G92

G92 X(U)_ Z(W)_ I_ F_

其中,I 为锥螺纹起点与终点半径差,有正负之分。

端面/带锥度的端面切削循环指令 G94

G94 X(U)_ Z(W)_ K_ F_

其中,K 为端面切削起点到终点位移在 Z 方向的坐标增量值。

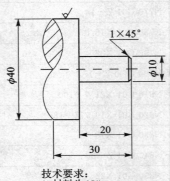

技术要求:
1. 材料为45#
2. 未注倒角,去毛刺

图 5-1　圆柱

【例 5-1】　重点运用 G90,编制程序加工如图 5-1 所示的零件。

程　序	说　明
N20 M03 S800 T0101	主轴正转,转速 800 r/min,选 1 号刀并执行 1 号的刀补
N30 G50 X100 Z100	建立加工坐标系
N40 G00 X45 Z2	快速到达循环起点
N50 G90 X37 Z−20 F0.2	循环加工 1,背吃刀量 1.5 mm,以 0.2 mm/r 进给
N60 X34	
N70 X31	模态指令,继续进行循环加工 2~9 次,背吃刀量 1.5 mm/次
N80 X28	

续表

程 序	说 明
N90 X25	模态指令,继续进行循环加工 2～9 次,背吃刀量 1.5 毫米/次
N100 X22	
N110 X19	
N120 X16	
N130 X13	
N140 X10	
N150 G00 X100 Z100	快速返回起刀点
N160 M30	程序结束
%	

【例 5-2】 重点运用 G90,编制程序加工如图 5-2 所示的零件。

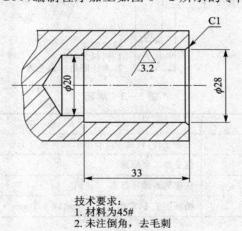

技术要求：
1. 材料为45#
2. 未注倒角,去毛刺

图 5-2 内圆柱孔

程 序	说 明
N20 M03 S800 T0101	主轴正转,转速 800 r/min,选 1 号刀 1 号刀补
N30 G50 X100 Z100	建立加工坐标系
N40 G00 X19 Z5	快速到达循环起点
N50 G90 X21 Z-33 F0.2	循环加工 1,背吃刀量 1 mm,以 0.2 mm/r 进给
N60 X22	模态指令,继续进行循环加工 2～7 次,背吃刀量 1 毫米/次
N70 X23	
N80 X24	
N90 X25	
N100 X26	
N110 X27.5	
N120 X28	

续表

程 序	说 明
N130 G00 X100 Z100	快速返回起刀点
N140 M30	程序结束
%	

【例 5-3】 重点运用 G94，编制程序加工如图 5-3 所示的零件。

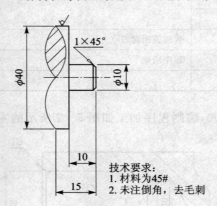

图 5-3 端面

程 序	说 明
N20 M03 S800 T0101	主轴正转，转速 800 r/min，选 1 号刀 1 号刀补
N30 G50 X100 Z100	建立加工坐标系
N40 G00X45 Z5	快速到达循环起点
N50 G94 X10 Z−1F0.2	循环加工 1，背吃刀量 1 mm，以 0.2 mm/r 进给
N60 Z−2	
N70 Z−3	
N80 Z−4	
N90 Z−5	模态指令，继续进行循环加工 2～10 次，背吃刀量 1 毫米/次
N100 Z−6	
N110 Z−7	
N120 Z−8	
N130 Z−9	
N140 Z−10	
N120 X20	
N130 G00 X100 Z100	快速返回起刀点
N140 M30	程序结束

【例 5-4】 重点运用 G94，编制程序加工如图 5-4 所示的零件。

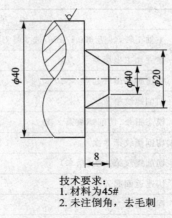

技术要求:
1. 材料为45#
2. 未注倒角,去毛刺

图 5-4

程 序	说 明
N20 M03 S800 T0101	主轴正转,转速 800 r/min,选 1 号刀并执行 1 号刀的刀补
N30 G50 X100 Z100	建立加工坐标系
N40 G0 X45 Z5	快速到达循环起点
N50 G94 X40 Z−8 K−8 F0.2	循环加工 1,背吃刀量 1 mm,以 0.2 mm/r 进给
N60 Z−1.5	
N70 Z−3	
N80 Z−4.5	模态指令,继续进行循环加工 2~10 次,背吃刀量 1 毫米/次
N90 Z−6	
N100 Z−7.5	
N110 Z−8	
N100 G00 X100 Z100	快速返回起刀点
N100 M30	程序结束

【例 5-5】 重点运用 G92,编制程序加工如图 5-5 所示的零件。

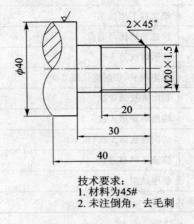

技术要求:
1. 材料为45#
2. 未注倒角,去毛刺

图 5-5 外圆柱螺纹

程 序	说 明
N20 M03 S800 T0303	主轴正转,转速 800 r/min,选 3 号刀并执行 3 号刀的刀补
N30 G50 X100 Z100	建立加工坐标系
N40 00 X45 Z5	快速到达循环起点
N50 G92 X19.2 Z－23 F1.5	切削螺纹第 1 次
N60 X18.6	模态指令,切削螺纹第 2 次
N70 X18.2	切削螺纹第 3 次
N80 X18.05	切削螺纹第 4 次(精车)
N90 G00 X100 Z100	快速返回起刀点
N100 M30	程序结束
%	

【例 5 - 6】 重点运用 G92,编制程序加工如图 5 - 6 所示的零件。

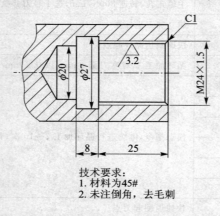

技术要求：
1. 材料为45#
2. 未注倒角，去毛刺

图 5 - 6　内圆柱螺纹

程 序	说 明
N20 M03 S800 T0303	主轴正转,转速 800 r/min,选 3 号刀并执行 3 号刀的刀补
N30 G50 X100 Z100	建立加工坐标系
N40 G00 X19 Z5	快速到达循环起点
N50 G92 X22 Z－27 F1.5	切削螺纹第 1 次
N60 X22.8	模态指令,切削螺纹第 2 次
N70 X23.5	切削螺纹第 3 次
N80 X23.8	切削螺纹第 4 次
N90 X24	切削螺纹第 5 次(精车)
N100 G00 X100 Z100	快速返回起刀点
N110 M30	程序结束
%	

第 6 章 多重复合循环指令在数控车床加工中的运用

教学要求

- ◆ 熟练掌握 FANUC Oi 数控系统外圆粗车循环指令 G71
- ◆ 熟练掌握 FANUC Oi 数控系统端面粗车循环指令 G72
- ◆ 熟练掌握 FANUC Oi 数控系统固定形状粗车循环指令 G73
- ◆ 熟练掌握 FANUC Oi 数控系统螺纹车削循环指令 G76
- ◆ 熟练掌握 FANUC Oi 数控系统精车循环指令 G70

拿到一张零件图纸后,首先应对零件图纸进行分析,确定加工工艺过程,也即确定零件的加工方法(如采用的工夹具装夹定位方法等)、加工路线(如进给路线、对刀点、换刀点等)及工艺参数(如进给速度、主轴转速、切削速度和切削深度等)。其次,应进行数值计算。绝大部分数控系统都带有刀补功能,只需计算轮廓相邻几何要素的交点或切点的坐标值,得出各几何元素的起点、终点和圆弧的圆心坐标值即可。最后,根据计算出的刀具运动轨迹坐标值和已确定的加工参数及辅助动作,结合数控系统规定使用的坐标指令代码和程序段格式,逐段编写零件加工程序单,并输入 CNC 装置的存储器中。

数控车床主要是加工回转体零件,加工表面不外乎圆柱、圆锥、螺纹、圆弧面和切槽等,一般分为五步:(1)确定加工路线;(2)选择装夹方法和对刀点;(3)选择刀具;(4)确定切削用量;(5)编制程序。

6.1 实例一

用外径粗圆粗车循环指令编制图 6-1 所示零件的加工程序。要求循环起始点在 $A(46,3)$,切削深度为 1.5 mm(半径量),退刀量为 1 mm,X 方向精加工余量为 0.4 mm,Z 方向精加工余量为 0.1 mm,其中点划线部分为工件毛坯。

1. 零件图工艺分析

图 6-1 从右端到左端由小到大,尺寸逐步增大,刚好适合外圆粗车循环指令的编程要求,即利用数控车床三爪卡盘夹住零件左端,伸出长约 90 毫米左右,用外圆车刀一次性加工完右端各尺寸。

2. 刀具选择

根据零件的外形,即选择一把 90°外圆车刀就可以完成切削。

3. 编制程序(使用 FANUC 系统)

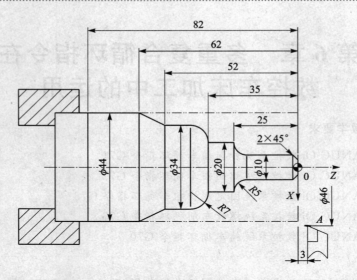

图 6-1 实例一

程 序	说 明
%0001	程序名
N1 G54 G00 X80 Z80	选定坐标系 G54,到程序起点位置
N2 M03 S400	主轴以 400 r/min 正转
N3 G01 X46 Z3 F100	刀具到循环起点位置
N4 G71 U1.5 R1 P5 Q13 X0.4 Z0.1	粗切量为 1.5 mm,精切量为 X0.4 mm Z0.1 mm
N5 G00 X0	精加工轮廓起始行,到倒角延长线
N6 G01 X10 Z−2	精加工 2×45°倒角
N7 Z−20	精加 ϕ10 mm 外圆
N8 G02 U10 W−5 R5	精加工 R5 mm 圆弧
N9 G01 W−10	精加工 ϕ20 mm 外圆
N10 G03 U14 W−7 R7	精加工 R7 mm 圆弧
N11 G01 Z−52	精加工 ϕ34 mm 外圆
N12 U10 W−10	精加工外圆锥
N13 W−20	精加工 ϕ44 mm 外圆,精加工轮廓结束行
N14 X50	退出已加工面
N15 G00 X80 Z80	回对刀点
N16 M05	主轴停
N17 M30	主程序结束并复位

6.2 实例二

利用端面粗车循环指令 G72 编制,图 6-2 所示零件的加工程序。要求循环起始点在 A

(80,1),切削深度为 1.2 mm,退刀量为 1 mm,X 方向精加工余量为 0.2 mm,Z 方向精加工余量为 0.5 mm,其中点划线部分为工件毛坯。

1. 零件图工艺分析

由于该零件在 X 方向尺寸变化较大,刀具轨迹都是沿 X 和 Z 方向单调增大的。顾适合端面粗车循环指令 G72,即利用数控车床三爪卡盘夹住零件左端,伸出长约 70 毫米左右,用端面车刀一次性加工完右端各尺寸。

2. 刀具选择

根据零件的外形,一把 90°端面刀就可以完成切削。

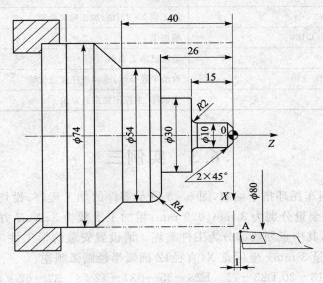

图 6-2 实例二

3. 编制程序(使用 FANUC 系统)

程 序	说 明
%0002	程序名
N10 T0101	换 1 号刀,确定其坐标系
N20 G54 G00 X100 Z80	到程序起点或换刀点位置
N30 M03 S400	主轴以 400 r/min 正转
N40 X80 Z1	到循环起点位置
N45 G72 W1.2 R1	
N50 G72 P80 Q180 U0.2 W0.5 F0.3	外端面粗切循环加工
N60 G00 X100 Z80	粗加工后,到换刀点位置
N70 G42 X80 Z1	加入刀尖圆弧半径补偿
N80 G00 Z-56	加工轮廓开始,到锥面延长线处
N90 G01 X74 F80	
N100 G01 X54 Z-40 F80	加工锥面
N110 Z-30	加工 φ54 mm 外圆

续表

程　序	说　明
N120 G02 U−8 W4 R4	加工 R4 mm 圆弧
N130 G01 X30	加工 Z26 mm 处端面
N140 Z−15	加工 φ30 mm 外圆
N150 U−16	加工 Z15 mm 处端面
N160 G03 U−4 W2 R2	加工 R2 mm 圆弧
N170 G01 Z−2	加工 φ10mm 外圆
N180 U−6 W3	加工倒 2×45°角,加工轮廓结束
N175 G70 P80 Q180	精加工
N180 G00 X50	退出已加工表面
N190 G40 X100 Z80	取消半径补偿,返回程序起点位置
N200 M30	主轴停、主程序结束并复位

6.3　实例三

利用固定形状粗车循环指令编制,图 6-3 所示零件的加工程序,设切削起始点在 A(60,5);X、Z 方向粗加工余量分别为 3 mm、0.9 mm;粗加工次数为 3;X、Z 方向精加工余量分别为 0.6 mm、0.1 mm,其中点划线部分为工件毛坯。请设置安装仿形工件(见图 6-3),各点坐标参考如下(X 向余量 3 mm)坐标点 X(直径)Z 圆弧半径圆弧顺逆:

A00　B130　C13−20　D23−25　E23−35　F37−42 73　37−52　47−62　47−120　0−120

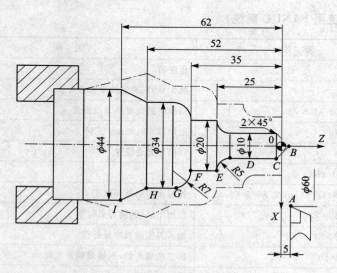

图 6-3　实例三

1. 零件图工艺分析

此例跟实例一是同一个图,实例一的毛坯是一根棒料,而这里是一个铸造成型的工件毛坯。此例选择 G73 型车复合循环指令车削，它们的走刀路径不一样，即利用数控车床三爪卡盘夹住零件左端，伸出长约 90 毫米左右，用外圆车刀一次性加工完右端各尺寸。

2. 刀具选择

根据零件的外形，一把 90°外圆刀就可以完成切削。

3. 编制程序（使用 FANUC 系统）

程　序	说　明
%0003	程序名
N10 G54 G00 X80 Z80	选定坐标系，到程序起点位置
N20 M03 S400	主轴以 400 r/min 正转
N30 G00 X60 Z5	到循环起点位置
N35 G73 U3 W0.9 R3	
N40 G73 P50 Q130 U0.6 W0.1 F0.2	闭环粗切循环加工
N50 G00 X0 Z3	精加工轮廓开始，到倒角延长线处
N60 G01 U10 Z−2 F80	精加工倒 2×45°角
N70 Z−20	精加工 ϕ10 mm 外圆
N80 G02 U10 W−5 R5	精加工 R5 mm 圆弧
N90 G01 Z−35	精加工 ϕ20 mm 外圆
N100 G03 U14 W−7 R7	精加工 R7 mm 圆弧
N110 G01 Z−52	精加工 ϕ34 mm 外圆
N120 U10 W−10	精加工锥面
N130 U10	退出已加工表面，精加工轮廓结束
N135 G70 P50 Q130	
N140 G00 X80 Z80	返回程序起点位置
N150 M30	主轴停、主程序结束并复位

6.4　实例四

利用螺纹车削循环指令 G76 编制图 6-4 所示零件的加工程序。加工螺纹为 ZM60×2，工件尺寸如图 6-4 所示，其中括弧内尺寸根据标准得到。

1. 零件图工艺分析

根据零件图分析，只需夹住工件的左端车削右端，先用一把 90°外圆刀车出外形。再用螺纹刀 G76 指令车削螺纹。

2. 刀具选择

90°偏刀，60°三角螺纹车刀。

3. 编制程序（使用 FANUC 系统）

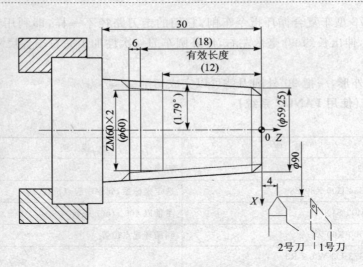

图 6-4 实例四

程　序	说　明
%0004	程序名
N10 T0101	换 1 号刀并执行 1 号刀的刀补,确定其坐标系
N20 G54 G00 X100 Z100	到程序起点或换刀点位置
N30 M03 S400	主轴以 400 r/min 正转
N40 G00 X90 Z4	到简单循环起点位置
N50 G90 X61.125 Z−30 I−0.94 F0.2	加工锥螺纹外表面
N60 G00 X100 Z100 M05	到程序起点或换刀点位置
N70 T0202	换 2 号刀,确定其坐标系
N80 M03 S300	主轴以 300 r/min 正转
N90 G00 X90 Z4	到螺纹循环起点位置
N95 G76 P020000 Q0.1 R0.1	
N100 G76 X58.15 Z−24 R−0.94 P1.299 Q0.9 F1.5	
N110 G00 X100 Z100	返回程序起点位置或换刀点位置
N120 M05	主轴停
N130 M30	主程序结束并复位

思考与练习

6-1　采用复合循环指令编制图 6-5 所示零件的加工程序。毛坯尺寸为 $\phi 60 \times 200$,材料 45♯,未注倒角去毛刺。

6-2　用 G72 指令编制图 6-6 所示零件的加工程序。

6-3　用 G72 指令编制图 6-7 所示零件的加工程序。毛坯尺寸为 $\phi 65\ \text{mm} \times 90\ \text{mm}$,材料 45♯棒料。

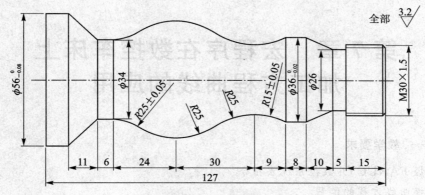

图 6-5 练习题一

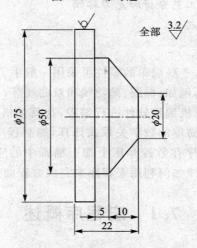

注: 1. 未注倒角 0.5×45°
2. 毛坯尺寸: φ75×25

图 6-6 练习题二

6-4 若图 6-7 所示为铸钢件毛坯,各台阶不均匀余量为 7 mm,试用固定形状粗车循环指令 G73 进行编程。

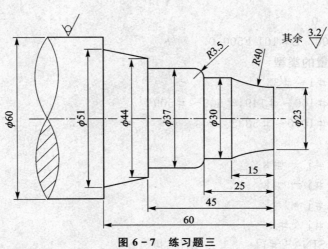

图 6-7 练习题三

第 7 章　宏程序在数控车床上加工方程曲线的应用

> **教学要求**
> ◆ 熟练掌握 FANUC Oi 数控系统宏指令
> ◆ 熟练掌握曲线方程的编程
> ◆ 掌握方程曲线车削加工的工艺分析和走刀路线
> ◆ 了解用户宏程序的加工特点

应用数控机床进行加工时，一些简单的零件可采用一般手工编程进行加工，但对于一些形状复杂但却有一定规律的零件，例如：椭圆、抛物线和双曲线等，手工普通编程则无法对其加工点进行控制，此时就得借助计算机编程软件进行编程，这就使机床的使用受到硬件的制约，而应用宏程序即可通过利用一些简单的数学关系式计算，编制程序代码可实现零件的加工。本章基于 FANUC 系统运用宏程序在数控车床上加工椭圆中的应用，讲解在实际车削加工中，遇到的工件轮廓是某种方程曲线如何利用宏程序来完成方程曲线的加工。

7.1　宏程序概述

1. 宏程序

宏程序的编制方法简单地解释就是利用变量编程的方法，即用户利用数控系统提供的变量、数学运算、逻辑判断、程序循环等功能来实现一些特殊的用法。

例如，下边的程序即为宏程序。

N50　#100=30.0
N60　#101=20.0
N70　G01 X#100　Z#101 F500.0

2. 宏程序中变量的类型

(1) 局部变量：#1～#33
(2) 公共变量：#100～#149，#500～#509
(3) 系统变量：#1000～#5335

3. 算数式

(1) 加法：#i=#j + #k
(2) 减法：#i=#j − #k
(3) 乘法：#i=#j * #k
(4) 除法：#i=#j / #k
(5) 正弦：#i=SIN [#j]　　　　单位：度

(6) 余弦：#i＝COS［#j］　　　　单位：度
(7) 正切：#i＝TAN［#j］　　　　单位：度
(8) 反正切：#i＝ATAN［#j］／［#k］　单位：度
(9) 平方根：#i＝SQRT［#j］
(10) 绝对值：#i＝ABS［#j］
(11) 取整：#i＝ROUND［#j］

4. 逻辑运算

(1) 等于：　　EQ　　　　格式：#j EQ #k
(2) 不等于：　NE　　　　格式：#j NE #k
(3) 大于：　　GT　　　　格式：#j GT #k
(4) 小于：　　LT　　　　格式：#j LT #k
(5) 大于等于：GE　　　　格式：#j GE #k
(6) 小于等于：LE　　　　格式：#j LE #k

5. 指定宏变量

当指定一宏变量时，采用"#"后跟变量号的形式，例如：#1。宏变量号可用表达式指定，此时，表达式应包含在方括号内，例如：#［#1＋#2－12］

6. 条件跳转语句

IF　［条件表达式］　GOTO　n

当条件满足时，程序就跳转到同一程序中程序段标号为 n 的语句上继续执行；当条件不满足时，程序执行下一条语句。

WHILE　［条件表达式］　DO　m
…
…
END　m

当条件满足时，从 DO m 到 END m 之间的程序就重复执行；当条件不满足时，程序就执行 END m 下一条语句。

7.2　方程曲线车削加工的工艺分析和走刀路线

1. 粗加工

应根据毛坯的情况选用合理的走刀路线，具体情况如下。
(1) 对棒料、外圆切削，应采用类似 G71 的走刀路线。
(2) 对盘料，应采用类似 G72 的走刀路线。
(3) 对内孔加工，选用类似 G72 的走刀路线较好，此时镗刀杆可粗一些，易保证加工质量。
(4) 对粗加工，采用 G71/G72 走刀方式时，用直角坐标方程比较方便。

2. 精加工

一般应采用仿形加工，即半精车、精车各一次。精加工（仿形加工）用极坐标方程比较方便。

7.3 方程曲线——椭圆轮廓加工的宏程序编制步骤

1. 要有标准方程(或参数方程)

椭圆的解析议程：

$$\frac{x^2}{a^2}+\frac{y^2}{b^2}=1$$

椭圆的参数方程：

$$\begin{cases} x=a\times\cos(t) \\ y=b\times\sin(t) \end{cases}$$

2. 对标准方程进行转化，将数学坐标转化成工件坐标

椭圆(图 7-1)标准方程为 $X^2/a^2+Y^2/b^2=1$，标准方程中的坐标是数学坐标，要应用到数控车床上，必须要转化到工件坐标系中。数控车床中的 X 坐标、Z 坐标分别与数学坐标系中的 Y、X 相对应，因此，数控车床上的转化方程应为 $Z^2/a^2+X^2/b^2=1$。

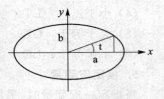

图 7-1 椭圆

3. 求值公式推导

利用转化后的公式推导出坐标计算公式，即选取 X 或 Z 为自变量，用另一个作为应变量从而建立起关系式。由于数控车床的横坐标轴为 Z，垂直坐标轴为 X 轴，故数控编程时对于椭圆方程中的参数要有所变动。有些零件的椭圆中心不在工件原点处，此时就要根据实际椭圆写出正确的方程。为编程方便，一般用 Z 作为应变量。根据椭圆解析方程，可以得到如下关系式：

以 Z 作为自变量，则

$$X=\frac{b}{a}\sqrt{a^2-Z^2}$$

4. 编程

(1) 将 X 或 Z 作为自变量，对其进行赋值。

(2) 使用循环语句判断自变量是否满足条件。

(3) 将自变量代入公式 $Z^2/a^2+X^2/b^2=1$ 中，引入椭圆变量。

(4) 走椭圆插补

(5) 定义步长：将椭圆曲线分成若干条线段，用直线进行拟合非圆曲线，如果每段直线在 Z 轴方向的直线与直线的间距为 0.1，可写成 #i=#i-0.1，根据曲线公式，以 Z 轴坐标作为自变量，X 轴坐标作为应变量，Z 轴坐标每次递减 0.1 mm，计算出对应的 X 坐标值。

(6) 循环结束。

7.4 加工椭圆实例

加工图 7-2 所示零件的右端时，先用 G71 把右端 R5 圆弧和 $\phi16$ 外圆粗车，将椭圆粗车至外圆 $\phi36$ 的尺寸。由于图 7-2 中加工有一部分为椭圆，所以编程时应该根据该段椭圆的起始点和终止点来确定变量变化的范围，从而确定走刀路线的范围。

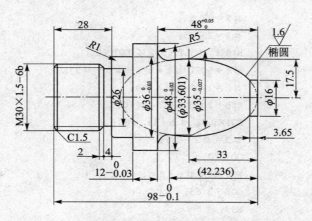

图7-2 椭圆实例加工零件

1. 以椭圆解析方程换算关系式加工右端椭圆

```
O0001;
#1=33.;                     长半轴 a = 33
#2=17.5.;                   短半轴 b = 17.5
#3=29.35;                   以椭圆中心计算的曲线 Z 向起点(33,-3.65)
N10IF[#3LT-9.236]GOTO20;    终点判断,如 Z 变动到曲线终点(33,-42.236)跳转到 N20
#4=SQRT[#1*#1-#3*#3];       以 Z 坐标为自变量运算
#5=17.5/33.*#4;             运算曲线方程 X(半径值)坐标
#6=2*#5;X                   (直径值)坐标
G01X#6Z[#3-33.]F80;         走椭圆插补
#3=#3-0.1;                  定义步长
GOTO10;                     回到终点判断句
N20G01X36.;                 椭圆完成,安全退出
G0Z2.;                      安全退出
M30;                        结束
```

这是椭圆精加工程序,走刀路线图如图7-3所示。

图7-3 圆精加工走刀路线

2. 椭圆粗加工程序

显然这是椭圆程序的基础,并不能用于成型过程的加工。在编制椭圆粗加工程序的时候,可以设置一个变量配合子程序调用,即将椭圆精车轮廓做为子程序,用该变量控制精车椭圆轮廓的位置,变量每减小变化一次,精车位置就对应变化一次,以达到粗车一刀的目的。程序如下。

主程序   子程序
O0001;   O0002;
G98M3S500;   #1=33.;

```
T0101;                      #2＝17.5.;
G0X36.Z1.;                  #3＝29.35;
#10＝8.;                    N10IF[#3LT-9.236]GOTO20;
N30M98P02;                  #4＝SQRT[#1*#1-#3*#3];
#10＝#10-1.5;               #5＝17.5/33.*#4;
IF[#10GE0]GOTO30;           #6＝2*#5+2*#10;
#10＝0;                     G01X#6Z[#3-33.]F80;
M98P02;                     #3＝#3-0.1;
G00X100.Z100.;              GOTO10;
M30;                        N20G01X[#6+2.];
%                           G0Z-3.65;
                            M99;
```

生成的刀具路线轨迹如图7-4所示。

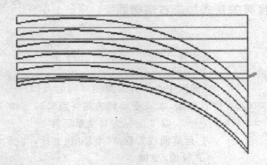

图7-4 生成的刀具路线轨迹

3. 椭圆粗加工程序改进

此程序加工虽然为粗加工,可以使用,但其空行程路线太多,不到一半的加工时间用于零件上的车削,其余均为浪费空车,所以不建议采用。如何将其空车路线去掉,这个问题也比较简单,只需要在子程序中加上一个条件跳转语句即可。即当X值超过毛坯36时,程序跳出,不走剩下的椭圆路线。

```
主程序                      子程序
O0001;                      O0002;
G98M3S500;                  #1＝33.;
T0101;                      #2＝17.5.;
G0X36.Z1.;#3＝29.35;
#10＝8.;                    N10IF[#3LT-9.236]GOTO20;
N30M98P02;                  #4＝SQRT[#1*#1-#3*#3];
#10＝#10-1.5;               #5＝17.5/33.*#4;
IF[#10GE0]GOTO30;           #6＝2*#5+2*#10;
#10＝0;                     IF[#6GE36.]GOTO20;
M98P02;                     G01X#6Z[#3-33.]F80;
G00X100.Z100.;              #3＝#3-0.1;
M30;                        GOTO10;
%                           N20G01X[#6+2.];
```

```
G0Z-3.65;
M99;
```

此程序路线图如图 7-5 所示。

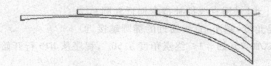

图 7-5 椭圆粗加工改进程序走刀路

4. 右端完整加工程序

经过以上对椭圆加工的分析,第三种结果为粗精加工椭圆最好的方式。
将实例图纸右端完整加工程序编写出来如下。

主程序	N20W-12.;	子程序
O0001;	G70P10Q20	O0002;
G98M3S500;	#10=19.;	#1=33.;
T0101;	N30M98P02;	#2=17.5.;
G0X52.Z1.;	#10=#10-2.;	#3=29.35;
G71U1.5R1.;	IF[#10GE0]GOTO30;	N10IF[#3LT-9.236]GOTO20;
G71P10Q20U0.5W0F100;	#10=0;	#4=SQRT[#1*#1-#3*#3];
N10G00X16.;	M98P02;	#5=17.5/33.*#4;
G01Z0;	G00X100.Z100.;	#6=2*#5+2*#10;
Z-3.65;	M30;	IF[#6GE36.]GOTO20;
X35.;	%	G01X#6Z[#3-33.]F80;
Z-42.236;		#3=#3-0.1;
X33.601;		GOTO10;
G02U10.Z-48.R5.;		N20G01X[#6+2.];
G01X48.;		G0Z-3.65;
		M99;

5. 以极坐标方程表述的椭圆的编程加工

用极坐标方式标注椭圆在零件图纸上比较常见,一般是以角度 a 标注,标出起始角度和终点角度,这时就需要写出椭圆的极坐标方程,两个方程分别是 $X=a \cdot \sin\alpha, Z=b \cdot \cos\alpha$,其中变量是 #1=a,#2=Z,#3=X。

由图 7-6 可知:$a=10, b=20, \alpha=30$,所以根据公式得出 $X=10 \cdot \sin30, Z=20 \cdot \cos30-20$。
为了编程方便,可用变量 α 来表示 X、Z。

零件分析:毛坯直径为 $\Phi 35$ mm,总长为 50 mm。

编程如下。

```
N10 T0101M3 S800(1号刀,仿形尖刀)
N20 G00 X37 Z2
N30 G73 U18 R13
```

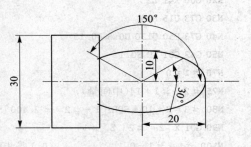

图 7-6 极坐标表示的椭圆

N40 G73 P50 Q120 U0.3 F0.15

N50 G42 G01 X35 F0.1，N60 G01 Z0

N70 #1＝30（#1代表α，#1的值为椭圆起点角度）

N75 #2＝10＊SIN#1（#2代表X变量）N80 #3＝20＊COS#1－20（#3代表Z变量）

N90 G01 X［2＊#2］Z［#1］（用直线插补指令逼近椭圆）

N100 #1＝#1＋1（1是角度，越小，直线逼近的椭圆越接近）

N110 IF［#1LE150］GOTO 75（如#1≤终点角度α150，程序从N75行开始循环）

N120 G01 X31（车端面）

N140 G00 X50 Z50（退刀）

N150 M03 S1000（定位）

N155 G00 X36 Z1

N160 G70 P50 Q120（精车）

N170 G00 X100 Z100

N180 M05

N190 M30

6. 凸椭圆中心不在零件轴线上

凸椭圆中心不在零件轴线上如图7－7所示。分析：毛坯直径为40 mm，总长为40 mm，用变量进行编程。经计算椭圆起点的X轴坐标值为10.141。

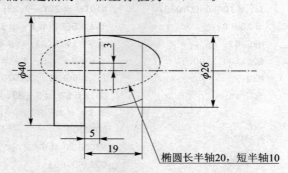

图7－7 凸椭圆中心不在零件轴线上

编程如下。

N10 T0101　　　　　　　　　　　　　　（1号刀，仿形尖刀）

N15 M03 S800

N20 G00 X41 Z2

N30 G73 U15 R10

N40 G73 P50 Q130 U0.3 F0.15

N50 G42 G01 Z0 F0.1

N70 #1＝0　　　　　　　　　　　　　　（#1代表Z，#1的值为椭圆起点）

N75 #2＝#1＋14（中间量），

N80 #3＝3＋10＊SQRT［1－#2＊#2/400］　　（#3代表X，利用椭圆公式的转换#3用#1表示）

N90 G01 X［2＊#3］Z［#1］　　　　　　（用直线插补指令逼近椭圆）

N100 #1＝#1－0.1　　　　　　　　　　（0.1是步距，这个值越小，直线逼近的椭圆越接近）

N110 IF［#1GE－19］GOTO 75（如#1≥终点的Z向坐标－19，程序从N75行开始循环）

N120 G01 X39　　　　　　　　　　　　（车端面）

```
N130 G40 G01 X40 Z-20              （倒角）
N140 G00 X50 Z50                   （退刀）
N150 M03 S1000
N155   G00 X41 Z1                  （定位）
N160 G70 P50 Q130                  （精车）
N170 G00 X100 Z100
N180 M05
N190 M30
```

7.5 方程曲线——抛物线轮廓加工的宏程序编程示例

以上是加工椭圆类零件的实例分析，加工方式步步提高，编程难度也步步加大，这些都可以从实际编程中学到经验和技巧，其他特殊形状（如双曲线、抛物线和正弦曲线等）只要根据其关系式方程，编程手法与椭圆大同小异。

例如，图7-8所示为抛物线孔，方程为 $Z=X^2/16$，换算成直径编程形式为 $Z=x^2/64$，则 $X=\sqrt{[z]}/8$。采用端面切削方式，编程零点放在工件右端面中心，工件预钻有 $\phi 30$ 底孔。

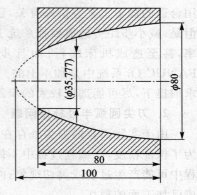

图7-8 抛物线孔

```
%0001
G50 X100 Z200;
T0101;
G90 G0 X28 Z2 M03 M07 S800;
#1 = -3;                           Z
WHILE #1 GE -81 DO1;               粗加工控制
#2 = SQRT[100 + #1]/8;             X
G0 Z[#1 + 0.3];
G1 X[#2 - 0.3] F0.3;
G0 X28 W2;
#1 = #1 - 3;;
END1;
#10 = 0.2;
#11 = 0.2;
WHILE #10 GE 0 DO1;                半精、精加工控制
#1 = -81;
G0 Z-81 S1500;
WHILE #1 LT 0.5 DO2;               曲线加工控制
#2 = SQRT[100 + #1]/8;             X
G1 X[#2 - #10] Z[#1 + #11] F0.1;
#1 = #1 + 0.3;
END2;
```

```
G0 X28;
#10 = #10 - 0.2;
#11 = #11 - 0.2;
END1;
G0 X100 Z200 M05 M09;
T0100;
M30;
```

7.6　方程曲线宏程序编制过程中应注意的问题

1. 步距问题

车削后工件的尺寸精度不仅与加工过程中的精确对刀、正确选用刀具的磨损量和正确选用合适的加工工艺等措施有关,还与编程时所选择的步距有关。步距值越小,加工精度越高。但是,减小步距会造成数控系统工作量加大,运算繁忙,影响进给速度的提高,从而降低加工效率,甚至造成机床爬行;而且步距的值要大于刀尖的圆弧半径,否则刀具的半径补偿在 FANUC 0i 系统中是加不上的。因此,必须根据加工要求合理选择步距。一般在满足加工要求前提下,尽可能选取较大的步距,也可以根据曲面的精度要求,选择等精度查补。

2. 刀尖圆弧半径补偿问题

由于实际刀具的刀尖处存在圆弧,加工中起实际切削作用的是刀尖上的圆弧切点,因此,为了保证精度,在编程过程中不仅要加上刀尖圆弧半径补偿指令 G41 或 G42,否则在加工过程中可能产生过切或欠切现象;而且取消刀具半径补偿时要注意角度不能小于 90°,否则会造成已加工面的损坏。

思考与练习

7-1　如图 7-9 所示,加工本例工件时,试采用 B 类宏程序编写,先用封闭轮廓复合循环指令进行去除余量加工。精加工时,同样用直线进行拟合,这里以 Z 坐标作为自变量,X 坐标作为应变量,其加工程序如下。

```
O0001
G99 G97 G21
G50 S1800
G96 S120
  S800 M03 T0101
  G00 X43 Z2 M08
  G73 U21 W0 R19
  G73 P1 Q2 U0.5 W0.1 F0.2
  N1 G00 X0 S1000
  G42 G01 Z0 F0.08
  #101 = 25
  N10 #102 = 30 * SQRT[1 - [#101 * #101]/[25 * 25]]
  G01 X[#102] Z[#101 - 25]
```

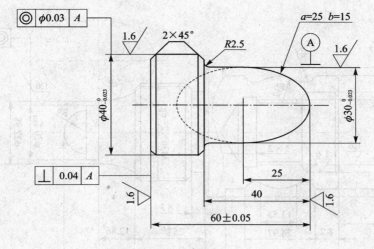

图 7-9 练习一

```
#101 = #101 - 0.1
IF[#101GE0]GOTO10
Z-37.5
G02 X35 Z-40 R2.5
G01 X36
X40 Z-42
N2 X43
G70 P1 Q2
G40 G00 X100 Z100 M09
T0100 M05
G97
M30
```

7-2 加工本例工件(见图 7-10)时,试采用 B 类宏程序编写,先用封闭轮廓复合循环指令进行去除余量加工。精加工时,同样用直线进行拟合,这里以 Z 坐标作为自变量,X 坐标作为应变量,其加工程序如下。

```
O0001
G99 G97 G21
G50 S1800
G96 S120
 S800 M03 T0101
G00 X53 Z2 M08
G73 U25 W0 R23
G73 P1 Q2 U0.5 W0.1 F0.2
N1 G00 X0 S1000
G42 G01 Z0 F0.08
G03 X16 Z-8 R8
G01 X19.4
X20 Z-8.3
```

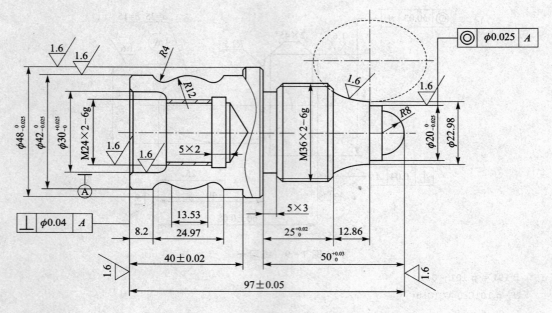

图 7-10 练习二

```
  Z-12.14
  X22.98
 #101=0
N10 #102=30*SQRT[1-[#101*#101]/[20*20]]
  G01 X[52.98-#102] Z[#101-12.14]
  #101=#101-0.1
  F[#101GE-12.86]GOTO10
  G01 X32
  X35.8 Z-27
  Z-50
  X46
N2 X48 Z-51
  G70 P1 Q2
  G40 G00 X100 Z100 M09
  T0100 M05
  G97
  M30
```

7-3 加工本例工件(见图 7-11)时,试采用 B 类宏程序编写,先用封闭轮廓复合循环指令进行去除余量加工。精加工时,同样用直线进行拟合,这里以 Z 坐标作为自变量,X 坐标作为应变量,其加工程序如下。

```
O0001
G99 G97 G21
G50 S1800
G96 S120
S800 M03 T0101
```

```
  G00 X58 Z2 M08
  G73 U11 W0 R9
  G73 P1 Q2 U0.5 W0.1 F0.2
N1 G00 X51 S1000
  G42 G01 Z0 F0.08
  X52 Z-1
  Z-18.794
  #101=25
N10 #102=24*SQRT[1-[#101*#101]/[25*25]]
  G01 X[58-#102] Z[#101-43]
  #101=#101-0.1
  IF[#101GE0]GOTO10
  X51
  X52 Z-43.5
N2 X55
  G70 P1 Q2
  G40 G00 X100 Z100 M09
  T0100 M05
  G97
  M30
```

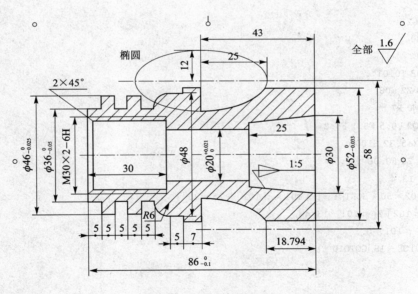

图 7-11 练习三

7-4 加工本例工件(见图 7-12)时,试采用 B 类宏程序编写,先用封闭轮廓复合循环指令进行去除余量加工。精加工时,同样用直线进行拟合,这里以 Z 坐标作为自变量,X 坐标作为应变量,其加工程序如下。

椭圆标准方程:$x^2/a^2+y^2/b^2=1$ (a 为长半轴,b 为短半轴,$a>b>0$)

如图 7-12 所示,a 为 18,b 为 8。由 $13.4^2/18^2+x^2/8^2=1$ 计算得出 $x=5.34$(半径)。需知直径值为 $5.34×2$,得出 10.68。

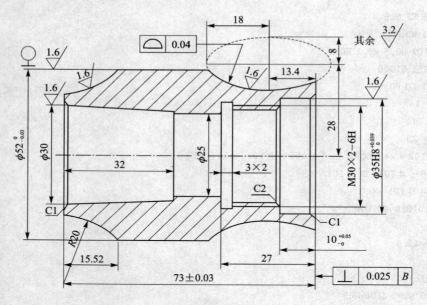

图 7-12 练习四

56(椭圆 b 轴中心坐标)－10.68＝45.32

O0001
G99 G97 G21
G50 S1800
G96 S120
　S800 M03 T0101
　G00 X58 Z2 M08
　G73 U8 W0 R7
　G73 P1 Q2 U0.5 W0.1 F0.2
　N1 G00 X45.32 S1000
　G42 G01 Z0 F0.08
　#101＝13.4
　N10 #102＝30*SQRT[1－[#101*#101]/[25*25]]
　G01 X[#102] Z[#101－13.4]
　#101＝#101－0.1
　IF[#101GE－18]GOTO10
　G1 X52
Z－59
　N2 X58
　G70 P1 Q2
　G40 G00 X100 Z100 M09
　T0100 M05
　G97
　M30

第 8 章 综合零件的加工范例

> **教学要求**
> ◆ 熟练掌握综合零件的工艺路线分析
> ◆ 熟练掌握综合零件的切削用量选择
> ◆ 熟练掌握综合零件的编程技巧
> ◆ 熟练掌握测量技术以及刀具补偿

8.1 数控车床手工编程综合实例一

编制图 8-1 所示零件的加工程序。材料：工件材质为 45♯，或铝；毛坯为直径 54 mm、长 200 mm 的棒料。刀具选用：1 号端面刀加工工件端面，2 号端面外圆刀粗加工工件轮廓，3 号端面外圆刀精加工工件轮廓，4 号外侧螺纹刀加工导程为 3 mn、螺距为 1 mm 的螺纹。

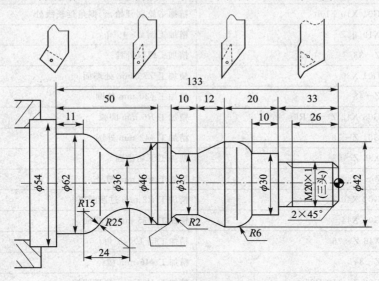

图 8-1 零件

编制程序如下（使用 FANUC 系统）。

程　序	说　明
%0001	程序名
N1 T0101	换 1 号端面刀，确定其坐标系
N2 M03 S500	主轴以 400 r/min 正转

续表

程　序	说　明
N3 G00 X100 Z80	到程序起点或换刀点位置
N4 G00 X60 Z0	到端面循环起点位置
N5 G01 X0 F50	偏端面
N7 G00 X100 Z80	到程序起点或换刀点位置
N8 T0202	换2号外圆刀粗加工,确定其坐标系
N9 G00 X60 Z3	到简单外圆循环起点位置
N10 G90 X58 Z−133 F100	单段外圆固定循环,加工过大毛坯直径
X56	
X54	
X52.6	
N11 G01 X54	到复合循环起点位置
N12 G71 U1 R1 P16 Q32 E0.3	有凹槽外径粗切复合循环加工
N13 G00 X100 Z80	粗加后,到换刀点位置
N14 T0303	换3号外圆刀精加工,确定其坐标系
N15 G00 G42 X70 Z3	到精加工始点,加入刀尖圆弧半径补偿
N16 G01 X10 F100	精加工轮廓开始,到倒角延长线处
N17 X19.95 Z−2	精加工倒 2×45°角
N18 Z−33	精加工螺纹外径
N19 G01 X30	精加工 Z33 mm 处端面
N20 Z−43	精加工 φ30 mm 外圆
N21 G03 X42 Z−49 R6	精加工 R6 mm 圆弧
N22 G01 Z−53	精加工 φ42 mm 外圆
N23 X36 Z−65	精加工下切锥面
N24 Z−73	精加工 φ36 mm 槽径
N25 G02 X40 Z−75 R2	精加工 R2 mm 过渡圆弧
N26 G01 X44	精加工 Z75 mm 处端面
N27 X46 Z−76	精加工倒 1×45°角
N28 Z−84	精加工 φ46 mm 槽径
N29 G02 Z−113 R25	精加工 R25 mm 侧弧凹槽
N30 G03 X52 Z−122 R15	精加工 R15 mm 侧弧
N31 G01 Z−133	精加工 φ52 mm 外圆
N32 G01 X54	退出已加工表面,精加工轮廓结束
N33 G00 G40 X100 Z80	取消半径补偿,返回换刀点付置
N34 M05	主轴停
N35 T0404	换4号外侧螺纹刀,确定其坐标系
N36 M03 S200	主轴以 200 r/min 正转

续表

程　序	说　明
N37 G00 X21 Z5	到简单螺纹循环起点位置
N38 G92X19.32 Z-20 F3	吃刀深 0.7 mm
N39 X18.92	吃刀深 0.4 mm
N40 X18.72	吃刀深 0.2 mm
N41 X18.7	光整加工螺纹
N42 G00X21Z4	加工第二线螺纹起刀点
N43 G92X19.32Z-20F3	吃刀深 0.7 mm
N44 X18.92	吃刀深 0.4 mm
N45 X18.72	吃刀深 0.2 mm
N46 X18.7	光整加工螺纹
N47 G00X21Z3	加工第三线螺纹起刀点
N48 G92X19.32Z-20F3	吃刀深 0.7 mm
N49 X18.92	吃刀深 0.4 mm
N50 X18.72	吃刀深 0.2 mm
N51 X18.7	光整加工螺纹
N43 G00 X100 Z80	返回程序起点位置
N44 M30	主轴停、主程序结束并复位

8.2 数控车床手工编程综合实例二

对图 8-2 所示的 55°圆锥管螺纹 ZG2 编程。根据标准可知,其螺距为 2.309 mm(即 25.4/11),牙深为 1.479 mm,其他尺寸如图 8-2 所示(直径为小径)。用五次吃刀,每次吃刀量(直径值)分别为 1 mm、0.7 mm、0.6 mm、0.4 mm、0.26 mm,螺纹刀刀尖角为 55°。

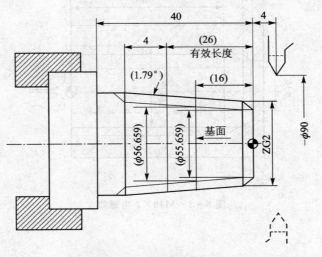

图 8-2　55°圆锥管螺纹

程 序	说 明
%0002	程序名
N1 T0101	换1号端面刀,确定其坐标系
N2 M03 S300	主轴以 400 r/min 正转
N3 G00 X100 Z100	到程序起点或换刀点位置
N4 X90.24	到简单外圆循环起点位置
N5 G90 X61.117 Z－40 R－1.375 F80	加工锥螺纹外径
N6 G00 X100 Z100	到换刀点位置
N7 T0202	换2号端面刀,确定其坐标系
N8 G00 X90 Z4	到螺纹简单循环起点位置
N9 G92 X59.494 Z－30 R－1.063 F2.31	加工螺纹,吃刀深 1 mm
N10 X58.794	加工螺纹,吃刀深 0.7 mm
N11 X58.194	加工螺纹,吃刀深 0.6 mm
N12 X57.794	加工螺纹,吃刀深 0.4 mm
N13 X57.534	加工螺纹,吃刀深 0.26 mm
N14 G00 X100 Z100	到程序起点或换刀点位置
N15 M30	主轴停、主程序结束并复位

8.3　数控车床手工编程综合实例三

对图 8-3 所示的 M40×2 内螺纹编程。根据标准可知,其螺距为 2 mm,牙深为 1.3 mm,其他尺寸如图 8-3 所示。用五次吃刀,每次吃刀量(直径值)分别为 0.9 mm、0.6 mm、0.6 mm、0.4 mm、0.1 mm,螺纹刀刀尖角为 60°。

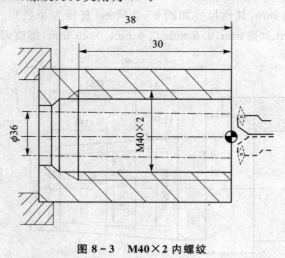

图 8-3　M40×2 内螺纹

程 序	说 明
%0003	程序名
N10 T0101	换 1 号端面刀,确定其坐标系
N20 M03 S300	主轴以 300 r/min 正转
N30 G00 X100 Z100	到加工起点或换刀点位置
N40 X37.4 Z2	到简单外圆循环起点位置
N50 G01 Z−38 F80	加工内螺纹底径
N60 G00 X35 Z100	Z 向退刀
N70 X100	X 向退刀
N80 T0202	换 2 号端面刀,确定坐标系
N90 G00 X35 Z4	到螺纹简单循环起点位置
N90 G92 X38.3 Z−30 R4 E1.3 F2	加工螺纹,吃刀深 0.9 mm
N100 X38.9	加工螺纹,吃刀深 0.6 mm
N110 X39.5	加工螺纹,吃刀深 0.6 mm
N120 X39.9	加工螺纹,吃刀深 0.4 mm
N130 X40	加工螺纹,吃刀深 0.1 mm
N140 G00 X100 Z100	到程序起点或换刀点位置
N150 M30	主轴停,程序结束并复位

8.4 数控车床手工编程综合实例四

如图 8-4 所示为一球头零件,利用恒线速度功能编程。

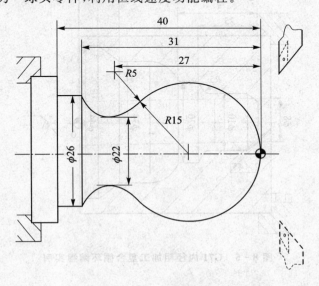

图 8-4 球头零件

程 序	说 明
%0006	程序名
N1 G50 X40 Z5	设立坐标系,定义对刀点的位置
N2 M03 S400	主轴以 400 r/min 正转
N3 G96 S80	恒线速度有效,线速度为 80 m/min
N4 G00 X0	刀到中心,转速升高,直到主轴到最大限速
N5 G01 Z0 F60	工进接触工件
N6 G03 U24 W−24 R15	加工 R15 mm 圆弧段
N7 G02 X26 Z−31 R5	加工 R5 mm 圆弧段
N8 G01 Z−40	加工 ϕ26 mm 外圆
N9 X40Z5	回对刀点
N10 G97 S300	取消恒线速度功能,设主轴按 300 r/min 正转
N11 M30	主轴停、主程序结束并复位

8.5 数控车床手工编程综合实例五

利用内径粗加工复合循环编制图 8−5 所示零件加工程序。要求循环起始点在点 A(46,3),切削深度为 1.5 mm(半径量),退刀量为 1 mm,X 方向精加余量为 0.4 mm,Z 方向精加余量为 0.1 mm,其中点划线部分为工件毛坯。

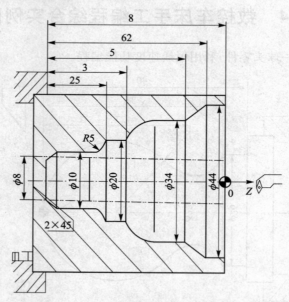

图 8−5 G71 内径粗加工复合循环编程实例

程　　序	说　　明
%0007	程序名
N1 T0101	
N2 G00 X80 Z80	
N3 M03 S400	主轴以 400 r/min 正转
N4 G0 X6 Z5	到循环起点位置
G71 U1 R1 P8 Q18 X−0.4 Z0.1 F100	内孔粗切循环
N5 G00 X80 Z	到循环起点位置
N6 T0202	粗切后到换刀点位置
N7 G00 G42 X6Z5	刀尖圆弧半径补偿
N8 G00 X44	精加工轮廓开始,到ϕ44 mm 外圆处
N9 G01 W−20 F80	精加工 ϕ44 mm 外侧
N10 U−10 W−10	精加工外圆锥
N11 W−10	精加工 ϕ34 mm 外圆
N12 G03 U−14 W−7 R7	精加工 R7 mm 圆弧
N13 G01 W−10	精加工 ϕ20 mm 外圆
N14 G02 U−10 W−5 R5	精加工 R5 mm 圆弧
N15 G01 Z−80	精加工 ϕ10 mm 外圆
N16 U−4 W−2	精加工 2×45°倒角,精加轮廓结束
N17 G40 X4	退出已加工表面,取消刀尖圆弧半径补偿
N18 G00 Z80	退出工件内孔
G70 P8 Q18	精车内孔各尺寸
N19 X80	回程序起点或换刀点位置
N20 M30	主轴停、主程序结束并复位

8.6　数控车床手工编程综合实例六

利用有凹槽的外径粗工复合循环编制图 8−6 所示零件的加工程序,其中点划线部分为工件毛坯。

程　　序	说　　明
%0008	程序名
N1 T0101	换 1 号刀,确定其坐标系
N2 G00 X80 Z100	到程序起点或换刀点位置
M03 S400	主轴以 400 r/min 正转
N3 G00 X42 Z3	到循环起点位置
N4 G71 U1 R1 P8 Q19 E0.3 F100	有凹槽粗切循环加工

续表

程　序	说　明
N5 G00 X80 Z100	粗加工后,到换刀点位置
N6 T0202	换 2 号刀,确定其坐标系
N7 G00 G42 X42 Z3	2 号刀加入刀尖圆弧半径补偿
N8 G00 X10	精加工轮廓开始,到倒角延长线处
N9 G01 X20 Z−2 F80	精加工 2×45°倒角
N10 Z−8	精加工 ϕ20 mm 外圆
N11 G02 X28 Z−12 R4	精加工 R4 mm 圆弧
N12 G01 Z−17 F100	精加工 ϕ28 mm 外圆
N13 U−10 W−5	精加工锥面
N14 W−8	精加工 ϕ18 mm 外圆
N15 U8.66 W−2.5	精加工锥面
N16 Z−37.5	精加工 ϕ26.66 mm 外圆
N17 G02 X30.66 W14	精加工 R10 mm 圆弧
N18 G01 W−10 F100	精加工 ϕ36.66 mm 外圆
N19 X40	精加工轮廓
N20 G00 X80 Z100	
N21 M30	

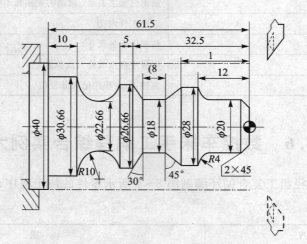

图 8−6　G71 有凹槽复合循环编程实例

8.7　数控车床电脑编程实例一

1. 确定工艺路线

根据图纸要求按先主后次的加工原则,确定工艺路线如下。

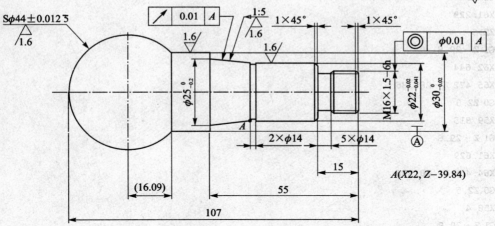

图 8-7

技术要求：
1. 不准使用砂纸、油石、锉刀等辅具抛光表面
2. 1:5 锥度与件 2 配合，用涂色法检验接触面大于 70%
3. 右端面允许打中心孔 A2/5
4. 未注尺寸公差按 GB/T1804-f
5. 倒钝锐边 R<0.2

(1) 先加工 φ58 mm 及对应内孔 φ28 mm 和锥孔。
(2) 采用一夹一顶的方式加工螺纹端及中段圆弧槽。

2. 刀具选择及编号

刀号及编号如表 8-1 所示。

表 8-1 刀号及编号

刀　号	型　号	种　类
T0101	85°	外圆刀
T0202	φ20	镗刀
T0303	35°	左偏刀
T0404	35°	右偏刀
T0505	M22×1.5	螺纹刀
T0606	3 mm	切槽刀

3. 编制程序

程序　　　　　说　明
O1234 %　　　程序名(车左端)
G21
N10 T0101
G97 S450 M03
G0 X62. Z0. M8

```
G99 G1 X19.357 F.2
G0 Z2
X61.229
Z2.5
G1 Z-29.8
X62.644
X65.472 Z-28.386
G0 Z2.5
X59.815
G1 Z-29.8
X61.629
X64.458 Z-28.386
G0 Z2.5
X58.4
G1 Z-29.8
X60.215
X63.043 Z-28.386
G0 X63.543
X150.0 Z150.0
M05
M00
N20 T0202
G97 S500 M03
G0 X24.186 Z2.5 M8
G1 Z-29.8 F.2
X22.373
X19.544 Z-28.386
G0 Z2.5
X26.
G1 Z-29.8
X23.786
X20.958 Z-28.386
G0 Z2.5
X27.814
G1 Z-18.558
G2 X27.6 Z-18.9 R.6
G1 Z-29.8
X25.6
X22.772 Z-28.386
G0 Z2.5
X29.627
G1 Z-18.3
X28.8
G2 X27.6 Z-18.9 R.6
G1 Z-29.8
```

```
X27.414
X24.585 Z-28.386
G0 Z2.5
X31.441
G1 Z-18.3
X29.227
X26.399 Z-16.886
G0 Z2.5
X33.255
G1 Z-13.049
X31.759 Z-18.3
X31.041
X28.213 Z-16.886
G0 Z2.5
X35.068
G1 Z-6.682
X32.855 Z-14.453
X30.026 Z-13.039
G0 Z2.5
X36.882
G1 Z-.315
X34.668 Z-8.086
X31.84 Z-6.672
G0 X20.273
G97 S600
Z1.656
X37.278
G1 Z-.344
X32.106 Z-18.5
X28.8
G2 X28. Z-18.9 R.4
G1 Z-30
X22.373
X19.544 Z-28.586
M9
M05
M30

O2345 %              车右端
G21
T0101
G97 S500 M03
G0 X60.185 Z2.5 M8
G99 G1 Z-96.3 F.2
X64
```

```
X66.828 Z-94.886
G0 Z2.5
X56.369
G1 Z-86.42
G3 X59. Z-89.8 R5
G1 Z-96.3
X60.585
X63.413 Z-94.886
G0 Z2.5
X52.554
G1 Z-85.126
G3 X56.769 Z-86.652 R5
G1 X59.597 Z-85.238
G0 Z2.5
X48.738
G1 Z-24.871
G3 X49.414 Z-25.093 R1
G1 X50.414 Z-25.593
G3 X51. Z-26.3 R1
G1 Z-33.8
Z-84.901
G3 X52.954 Z-85.207 R5
G1 X55.782 Z-83.793
G0 Z2.5
X44.923
G1 Z-24.8
X48
G3 X49.138 Z-24.978 R1
G1 X51.966 Z-23.563
G0 Z2.5
X41.107
G1 Z-24.8
X45.323
X48.151 Z-23.386
G0 Z2.5
X37.292
G1 Z-24.8
X41.507
X44.336 Z-23.386
G0 Z2.5
X33.476
G1 Z-24.8
X37.692
X40.52 Z-23.386
G0 Z2.5
```

```
X29.661
G1 Z-24.8
X33.876
X36.705 Z-23.386
G0 Z2.5
X25.845
G1 Z-24.8
X30.061
X32.889 Z-23.386
G0 Z2.5
X22.03
G1 Z-2.001
X22.214 Z-2.093
G3 X22.8 Z-2.8 R1
G1 Z-19.8
Z-24.8
X26.245
X29.074 Z-23.386
G0 Z2.5
X18.214
G1 Z-.093
X22.214 Z-2.093
G3 X22.43 Z-2.22 R1
G1 X25.258 Z-.806
G0 X65
G00 X150.0 Z150.0
M05
M00
N20 T0101
G97 S600 M03
G00 Z1.766
X17.331
G1 Z-.234
X21.331 Z-2.234
G3 X21.8 Z-2.8 R.8
G1 Z-19.8
Z-25
X47.4
G3 X48.531 Z-25.234 R.8
G1 X49.531 Z-25.734
G3 X50. Z-26.3 R.8
G1 Z-33.8
Z-85.067
G3 X58. Z-89.8 R4.8
G1 Z-96.5
```

```
X64
X66.828 Z-95.086
G00 X150.0 Z150
M05
N30 T0202
G97 S1797 M03
G0 X62. Z-63.496 M8
G1 X40.348 F.1
G0 X62.
Z-61.504
G1 X40.4
X40.799 Z-61.703
G0 X62
Z-65.489
G1 X39.86
G0 X62
Z-59.511
G1 X40.349
X40.748 Z-59.71
G0 X62
Z-67.481
G1 X38.833
G0 X62
Z-57.519
G1 X39.863
G0 X62.
Z-69.474
G1 X37.208
G0 X62
Z-55.526
G1 X38.838
G0 X62
Z-71.467
G1 X34.87
G0 X62.
Z-53.533
G1 X37.215
G0 X62
Z-73.459
G1 X31.6
G0 X62.
Z-51.541
G1 X34.881
G0 X62.
Z-75.452
```

```
G1 X27.924
G0 X62.
Z-49.548
G1 X31.614
G0 X62.
Z-77.444
G1 X26.022
G0 X62.
Z-47.556
G1 X27.934
G0 X62.
Z-79.437
G1 X25.952
X26.35 Z-79.238
G0 X62.
Z-45.563
G1 X26.026
G0 X62.
Z-81.43
G1 X27.767
X28.165 Z-81.23
G0 X62.
Z-43.57
G1 X25.948
X26.346 Z-43.77
G0 X62.
Z-83.422
G1 X31.579
X31.978 Z-83.223
G0 X62.
Z-41.578
G1 X27.757
X28.156 Z-41.777
G0 X62.
Z-84.8
G1 X40.18
X40.579 Z-84.601
G0 X62.
Z-85.415
G1 X53.795
X54.193 Z-85.216
G0 X62.
Z-39.585
G1 X31.559
X31.957 Z-39.784
```

```
G0 X62.
Z-38.2
G1 X40.18
X40.579 Z-38.399
G0 X62.
Z-87.407
G1 X57.492
X57.891 Z-87.208
G0 X62.
Z-37.593
G1 X48.54
X48.939 Z-37.792
G0 X62.
G97 S350
Z-23.412
X53.
G1 X20.2
G0 X53.
Z-24.8
G1 X20.2
X20.478 Z-24.661
G0 X53.
Z-26.414
X51.828
G1 X49. Z-25.
X19.8
X20.3 Z-24.75
G0 X49.5
Z-20.469
X24.394
G1 X21.566 Z-21.883
X19.8 Z-22.766
Z-25.
X20.3 Z-24.75
G0 X51.828
X150.0  Z150.0
M05
M00
N40 T0303
G97 S550 M03
G0 X29.864 Z-72.796 M8
G1 Z-70.796 F.3
G2 X40. Z-59.2 R15.8
X29.864 Z-47.604 R15.8
G1 X29.837 Z-47.592
```

```
G3 X24.98 Z-42.2 R7.2
X39.38 Z-35. R7.2
G1 X44.4
G2 X50. Z-32.2 R2.8
G1 X52.828 Z-33.614
G00 X150.0 Z150.0
M05
M00
N50 T0404
G97 S550 M03
G0 Z-47.204 M8
X29.864
G1 Z-49.204 F.3
G3 X40. Z-60.8 R15.8
X29.864 Z-72.396 R15.8
G1 X29.837 Z-72.408
G2 X24.98 Z-77.8 R7.2
X39.38 Z-85. R7.2
G1 X48.4
G3 X58. Z-89.8 R4.8
G1 X60.828 Z-88.386
G00 X150.0 Z150.0
M05
M00
N60 T0505
G97 S410 M03
G0 X26. Z2.147 M8
X20.814
G32 Z-20. E1.5
G0 X26.
Z1.972
X20.185
G32 Z-20. E1.5
G0 X26.
Z1.837
X19.697
G32 Z-20. E1.5
G0 X26.
Z1.722
X19.283
G32 Z-20. E1.5
G0 X26.
Z1.621
X18.918
G32 Z-20. E1.5
```

G0 X26.
Z1.53
X18.588
G32 Z-20. E1.5
G0 X26.
Z1.445
X18.283
G32 Z-20. E1.5
G0 X26.
Z1.367
X18.
G32 Z-20. E1.5
G0 X26.
Z1.367
X18.
G32 Z-20. E1.5
G0 X26.
Z2.147
X150.
M05
M30

8.8　数控车床电脑编程实例二

1. 确定工艺路线

根据图纸要求按先主后次的加工原则,确定工艺路线如下。

(1) 先加工螺纹端及 $\phi22$ mm 外圆及锥面。

(2) 加工圆球端及 $\phi25$ 外圆。

2. 刀具选择

刀号及编号如表 8-2 所示。

表 8-2　刀号及编号

刀号	编号	种类
T0101	2 mm	切槽刀
T0202	M16×1.5	螺纹刀
T0303	85°	外圆刀
T0404	35°	外圆刀

3. 编制程序

加工右端:
%
O1234

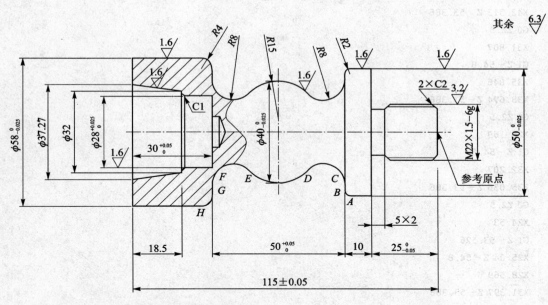

注：A、B、C、D、E、F、G、H 8点相对原点的坐标分别为：
A(X50，Z−33)、B(X46，Z−35)、C(X40.98，Z−35)、D(X30.21，Z−48.91)、E(X30.21，Z−71.09)、
F(X40.98，Z−85)、G(X50，Z−85)、H(X58，Z−89)

技术要求：
1. 材料：45#
2. 未注倒角 0.5×45°

图 8-8

```
G21
T0101
G97 S450 M03
G0 X46.361 Z2.5 M8
G99 G1 Z−54.8 F.2
X50.
X52.828 Z−53.386
G0 Z2.5
X42.723
G1 Z−54.8
X46.761
X49.59 Z−53.386
G0 Z2.5
X39.084
G1 Z−54.8
X43.123
X45.951 Z−53.386
G0 Z2.5
X35.446
G1 Z−54.8
X39.484
```

```
X42.313 Z-53.386
G0 Z2.5
X31.807
G1 Z-54.8
X35.846
X38.674 Z-53.386
G0 Z2.5
X28.169
G1 Z-54.8
X32.207
X35.036 Z-53.386
G0 Z2.5
X24.53
G1 Z-53.526
X25.04 Z-54.8
X28.569
X31.397 Z-53.386
G0 Z2.5
X20.891
G1 Z-15.631
X21.814 Z-16.093
G3 X22.4 Z-16.8 R1.
G1 Z-46.3
Z-48.201
X24.93 Z-54.526
X27.758 Z-53.112
G0 Z2.5
X17.253
G1 Z-14.8
X18.4
G3 X19.814 Z-15.093 R1.
G1 X21.291 Z-15.831
X24.12 Z-14.417
G0 Z2.5
X13.614
G1 Z-.093
X15.614 Z-1.093
G3 X16.2 Z-1.8 R1.
G1 Z-10.8
Z-14.8
X17.653
X20.481 Z-13.386
G0 X51.
X150.0 Z150.0
M05
```

```
M00
N20 T0101
M03 G97 S550
G0 Z1.766
X13.331
G1 Z-.234
X15.331 Z-1.234
G3 X15.8 Z-1.8 R.8
G1 Z-10.8
Z-15.
X18.4
G3 X19.531 Z-15.234 R.8
G1 X21.531 Z-16.234
G3 X22. Z-16.8 R.8
G1 Z-46.3
Z-48.221
X24.712 Z-55.
X50.
X52.828 Z-53.586
G00 X150.0 Z150.0
M05
M00
N30 T0202
G97 S350 M03
G0 X24. Z-13.5 M8
G1 X14.2 F.1
G0 X24.
Z-14.8
G1 X14.2
X14.46 Z-14.67
G0 X24.
Z-12.2
G1 X14.2
X14.46 Z-12.33
G0 X24.
Z-16.414
X22.828
G1 X20. Z-15.
X13.8
X14.3 Z-14.75
G0 X20.5
Z-10.586
X18.628
G1 X15.8 Z-12.
X13.8
```

```
    Z-15.
    X14.3 Z-14.75
    G0 X22.828
    X26.
    Z-47.3
    G1 X18.
    G0 X26.
    Z-48.914
    X24.828
    G1 X22. Z-47.5
    X18.
    G0 X24.828
    Z-46.086
    G1 X22. Z-47.5
    X18.
    G0 X24.828
    M9
    X150.0 Z150.0
    M05
    M00
    N40 T0303
    G97 S410 M03
    G0 X20. Z2.1 M8
    X14.747
    G32 Z-10. E1.5
    G0 X20.
    Z1.918
    X14.088
    G32 Z-10. E1.5
    G0 X20.
    Z1.776
    X13.578
    G32 Z-10. E1.5
    G0 X20.
    Z1.656
    X13.145
    G32 Z-10. E1.5
    G0 X20.
    Z1.551
    X12.764
    G32 Z-10. E1.5
    G0 X20.
    Z1.455
    X12.418
    G32 Z-10. E1.5
```

```
G0 X20.
Z1.367
X12.1
G32 Z-10. E1.5
G0 X20.
Z1.367
X12.1
G32 Z-10. E1.5
G0 X20.
Z2.1
X150.0 Z150.0
M05
M30
%
```

加工左端：
```
%
O0000
G21
N10 T0101
G97 S500 M03
G0 X46.031 Z2.5 M8
G99 G1 Z-51.8 F.3
X50.
X52.828 Z-50.386
G0 Z2.5
X42.062
G1 Z-15.56
G3 X44.4 Z-22.8 R23.
G1 Z-51.8
X46.431
X49.259 Z-50.386
G0 Z2.5
X38.092
G1 Z-11.175
G3 X42.462 Z-16.194 R23.
G1 X45.29 Z-14.779
G0 Z2.5
X34.123
G1 Z-8.31
G3 X38.492 Z-11.524 R23.
G1 X41.321 Z-10.11
G0 Z2.5
X30.154
G1 Z-6.159
G3 X34.523 Z-8.56 R23.
```

```
G1 X37.352 Z-7.146
G0 Z2.5
X26.185
G1 Z-4.47
G3 X30.554 Z-6.352 R23.
G1 X33.382 Z-4.938
G0 Z2.5
X22.215
G1 Z-3.122
G3 X26.585 Z-4.623 R23.
G1 X29.413 Z-3.209
G0 Z2.5
X18.246
G1 Z-2.051
G3 X22.615 Z-3.245 R23.
G1 X25.444 Z-1.831
G0 Z2.5
X14.277
G1 Z-1.213
G3 X18.646 Z-2.148 R23.
G1 X21.475 Z-.733
G0 Z2.5
X10.308
G1 Z-.584
G3 X14.677 Z-1.288 R23.
G1 X17.505 Z.126
G0 Z2.5
X6.338
G1 Z-.145
G3 X10.708 Z-.639 R23.
G1 X13.536 Z.776
G0 X45.4
Z-22.8
X44.4
G3 X40.9 Z-31.6 R23. F.1
G1 Z-51.8 F.3
X44.8
X47.628 Z-50.386
G0 Z-31.1
X41.3
G3 X37.4 Z-34.996 R23. F.1
G1 Z-51.8 F.3
X41.3
X44.128 Z-50.386
G0 Z-34.671
```

```
X37.8
G3 X33.9 Z-37.427 R23. F.1
G1 Z-51.8 F.3
X37.8
X40.628 Z-50.386
G0 Z-37.18
X34.3
G3 X30.4 Z-39.323 R23. F.1
G1 Z-51.8 F.3
X34.3
X37.128 Z-50.386
G0 X51.
X150.0 Z15.00
M05
M00
N20T0101
G97 M03 S550
G0 Z2.
X-1.6
G1 Z0
G3 X44. Z-22.8 R22.8
G1 Z-52
X50
X52.828 Z-50.586
M9
G00 X150.0 Z150.0
M05
M30
```

附题 1：

数控车床操作工（中级）应知模拟试题

一、填空题

1. 机床、夹具、刀具和工件组成的加工工艺系统在受_____与_____的作用下会产生变形误差。
2. 组合夹具适用于_____和_____产生中。
3. 夹具中的定位装置用以确定工件在夹具中的_____，使工件在加工时相对于_____及_____处于正确位置。
4. 定位的任务是要限制工件的_____。
5. 工件的 6 个自由度都得到限制的定位称为_____；少于 6 点的定位称为_____；定位点多于所限制的自由度数称为_____；定位点少于应限制的自由度数的称为_____。
6. 夹紧力的方向应尽量_____于工件的主要定位基准面，同时应尽量与_____方向_____。
7. 一夹一顶装夹工件时，当卡盘夹持部分较长时，卡盘限制工件_____个自由度，后顶尖限制_____自由度。
8. 企业按生产类型分成_____生产、_____生产、_____生产 3 个类型。
9. 斜楔、螺旋、凸轮等机械夹紧机构的夹紧原理是_____。
10. 一般机床夹具主要由定位元件、_____、_____、_____4 个部分组成。根据需要夹具还可以含有其他组成部分，如分度装置、传动装置等。
11. 采用布置恰当的 6 个支撑点来消除工件 6 个自由度的方法称为_____。
12. 工件在装夹过过程中产生的误差称为装夹误差，它包括夹紧误差、_____误差及_____误差。
13. 若工件在夹具中定位，要使工件的定位表面与夹具的_____相接触，从而消除自由度。
14. 工件上用于定位的表面是确定工件位置的依据，称为_____。
15. 直接找正装夹工件时，可以找正工件的毛坯表面或_____表面。
16. 计算机数控系统是一种包含_____在内的_____。
17. 数控机床由_____、_____、_____、_____和_____等部分组成。
18. 数控介质有_____、_____、_____等。穿孔带上的代码信息可由_____送入数控系统，该输入装置又称读带机。
19. 数控装置是数控机床的_____，绝大部分数控机床采用微型计算机控制，它由_____、_____、_____等。
20. 每个脉冲信号使机床移动部件产生的位移量叫_____。

21. 数控机床常用的伺服电动机有_____、_____和_____。
22. 数控机床的特点是：(1)_____；(2)_____；(3)_____；(4)_____；(5)_____；(6)_____。
23. 数控系统软件分为_____和_____。
24. 数控机床按运动轨迹分类可分为_____、_____和_____。
25. 点位直线控制和轮廓控制的根本区别是前者没有_____。
26. 数控机床按控制方式分类可分为_____、_____和_____。
27. 数控机床按功能分类可分为_____、_____和_____。
28. 计算机数控系统硬件主要有三部分组成：_____、_____和_____。
29. 数控系统外围设备包括：_____、_____、_____、_____、_____和_____。
30. 数控机床逻辑状态控制输出接口电路用于控制基础_____、_____等以及_____的控制。
31. 数控机床 I/O 控制部分能进行相应的信息转换。信息转换主要包括以下几种方式：_____；_____；_____。
32. 为了防止强电干扰信号通过 I/O 控制回路进入计算机，最常采用的方法是在接口处增加_____。
33. 用逐点比较法控制机床加工需要 4 个节拍：_____、_____、_____和_____。
34. 数控机床的导轨部件通常用_____、_____、_____等，以减少摩擦力，使其在低速运动时无_____现象。
35. 工作台、刀架等部件的移动，由_____驱动，经_____传动，减少了进给系统所需要的驱动扭矩，提高了_____和_____。
36. 数控机床主轴传动方式有_____传动、_____传动和_____传动 3 种方式。
37. 高速主轴选用的轴承主要是_____轴承和_____轴承。
38. 数控机床进给系统中的机械传动装置是指将驱动旋转运动变为工作台直线运动的整个机械传动链，包括_____、_____及_____等。
39. 滚珠的循环方式有两种，滚珠在返回过程中与丝杆脱离接触的为_____，滚珠在循环过程中与丝杆始终接触的为_____。
40. 步进电机的主要特点是(1)_____；(2)_____；(3)_____；(4)_____；(5)_____；(6)_____。
41. 常用的旋转位置检测元件有_____、_____和_____等。
42. 常用的直线位置检测元件有_____、_____和_____等。
43. 直流电机转速的调整方法有 3 种：(1)_____；(2)_____；(3)_____。
44. 异步电机转速的调整方法有 3 种：(1)_____；(2)_____；(3)_____。
45. 越来越多的数控机床采用_____实现检测顺序动作控制。
46. 从工作图开始到获得数控机床所需控制介质的过程称为_____。
47. 国际上通用的数控代码是_____和_____。
48. 目前，广泛采用的程序段格式是_____；也有少数数控系统采用_____。
49. 编程时可将重复出现的程序段编成_____，使用时可以由_____多次重复使用。
50. 数控装置处理程序时是由信息字为单元进行处理的。信息字又称_____，是组成程序的_____,它是由_____和_____组成的。

51. 标准坐标系采用_____,规定空间直角坐标系 X、Y、Z 三者的关系及其方向用_____判定,X、Y、Z 各轴的回转运动及其正方向＋A、B、+C 分别用_____判定。

52. 确定数控机床坐标轴时规定,传递动力的主轴为_____坐标轴,使工件和刀具之间距离_____方向是_____坐标轴的_____方向。

53. X 坐标轴一般是_____,与工件安装面_____,且垂直于 Z 坐标轴。

54. 所谓加工路线是数控机床在加工工程中,_____的运动轨迹和方向。

55. 切削用量包含_____、_____、_____和_____等。

56. 数控车床的机床坐标系的原点 O 取在_____与_____的交点。

57. 机械零点一般设置在刀架或移动工作台的_____,并且在机床坐标系的_____。机械零点定位精度很高,是机床调试和加工时十分重要的_____。

58. 绝对值编程方式是由_____(在 EIA 代码中为_____)设定一个工作坐标系,参考点的坐标值由工件坐标系标定;增量值编程方式是设定工件坐标系的原点始终和_____重合,参考点的坐标值由当前刀尖的位置标定。

59. 直线插补指令 G01 的特点是刀具以_____方式由某坐标点移动到另一坐标点,由指令 F 设定_____。

60. G00 指令要求刀具以_____从刀具所在位置用_____移动到指定位置。

61. 程序段 G04 X5.0 的含义是_____继续执行下一段程序。

62. 使用返回参考点指令 G27 或 G28 时,应取消_____,否则机床无法返回参考点。

63. 执行辅助功能 M00 和 M02 时,使_____、_____全部停止运行。不同点是执行 M02 后,数控系统处于_____;而执行 M00 后,若重新按_____,则继续执行加工程序。

64. 数控车床编程时,绝对值编程采用坐标地址_____,增量值编程采用坐标地址_____。

65. 在数控车床上车削棒料毛坯时,采用循环指令_____;车削铸、锻毛坯表面时,采用循环指令_____。

66. 数控车床加工螺纹时,由于机床伺服系统本身具有_____特征,会在起始段和停止段发生_____现象,所以实际加工螺纹长度应包括切入和切出空行程量。

67. 车刀刀具位置补偿包含刀具_____和_____。

二、判断题

( )1. 根据基准功用的不同,基准可以分为设计基准与工序基准两大基准。
( )2. 用划针或千分表对工件进行找正,也就是对工件进行定位。
( )3. 装夹是指定位与夹紧的全过程。
( )4. 在夹具上装夹工件,定位精度高且稳定。
( )5. 作为设计基准的点、线、面,在零件上一定要具有具体存在。
( )6. 用设计基准作为定位基准,可以避免基准不重合引起的误差。
( )7. 粗加工用的定位基准是粗基准,精加工用的定位基准是精基准。
( )8. 由于毛坯表面的重复定位精度差,所以粗基准一般只能使用一次。
( )9. 选择精基准时,选用加工表面的设计基准为定位基准,称为基准重合原则。

(   )10. 零件上有不需要加工的表面,若以此表面定位进行加工,则可使此不加工的表面与加工表面保证正确的相对位置。
(   )11. 在尺寸链计算中,加工时直接获得的基准尺寸称为增环,间接获得的尺寸称为减环。
(   )12. 原理误差是指采用近似的加工方法所引起的误差,加工中存在原理误差时,表明这种加工方法是不完善的。
(   )13. 工艺系统是由机床、刀具、夹具和工件构成的。
(   )14. 夹紧误差主要是指由于夹紧力使工件变形后,在加工中使加工表面产生的形状误差,一般情况下不计算此误差的大小。
(   )15. 轴类零件在进行机械加工时,常用中心孔作为定位基准,所以中心孔是基本精基准。
(   )16. 用两顶尖装夹细长轴车削外圆表面,由于受力变形的影响,工件加工后呈腰鼓形误差。
(   )17. 在相同力的作用下,具有较高刚度的工艺系统产生的变形较大。
(   )18. 工件应在夹紧后定位。
(   )19. 工件在夹具中与各定位元件接触,虽然没有夹紧尚可移动,但由于其已取得确定的位置,所以可以认为工件已定位。
(   )20. 工件以其经过加工的平面在夹具的4个支承块上定位,属于四点定位。
(   )21. 为了保证加工精度,所有的工件加工时必须限制其全部自由度。
(   )22. 一般在没有加工尺寸要求及位置精度要求的方向上,允许工件存在自由度,所以此方向上可以不进行定位。
(   )23. 对已加工表面定位时,为了增加工件的刚度,以有利于加工,可以采用3个以上的等高支承块。
(   )24. 用圆锥心轴定位时,工件插入后就不会转动,所以限制了6个自由度。
(   )25. 用一面两销定位时,采用菱形销是为了避免产生过定位。
(   )26. 偏心夹紧机构中,偏心轮通常用20Cr渗碳钢淬硬或用T7A淬硬制成。
(   )27. 用于确定刀具位置并引导刀具进行加工的元件称为定位元件。
(   )28. 专用夹具需考虑通用性。
(   )29. 只有完全定位的工件,才能保证加工质量。
(   )30. 夹紧力应尽可能远离加工面。
(   )31. 螺旋、偏心、凸轮等机构是斜楔夹紧的变化应用。
(   )32. 弹性定心装置夹紧力小而精度高,常用于磨削加工。
(   )33. 多点夹紧是由一个作用力,通过一定的机构将这个作用力分解到几个点上,对工件进行夹紧。
(   )34. 动力夹紧装置因受停电因素的影响,一般夹紧不稳定、不可靠。
(   )35. 定位精度将直接影响工件的加工公差等级。
(   )36. 钻套属于对刀元件。
(   )37. 使用夹具可改变和扩大原机床的功能。
(   )38. 对于铸、锻后经清理的毛坯平面常采用支承板定位。
(   )39. 辅助支承也是参与定位的元件。
(   )40. 定位心轴轴肩直径尽量小些,是为了避免过定位。

( )41. 圆柱表面定位可限制 4 个自由度。
( )42. V 形架定位的优点是对中性好。
( )43. 定位基准需经加工,才能采用 V 形架定位。
( )44. 对于力源来自于人力的,称为手动夹紧。
( )45. 将支承面、夹紧元件表面制成沟槽或网状是为了增加摩擦系数。
( )46. 螺旋夹紧的缺点是夹紧动作慢。
( )47. 定心夹紧机构的定位和夹紧为同一元件。
( )48. 弹性定心夹紧机构适用于粗加工。
( )49. 多件联动夹紧是一个作用力通过一定的机构实现对几个工件同时进行夹紧。
( )50. 组合夹具是一种标准化、系列化、通用化程度较高的工艺装备。
( )51. 真空夹紧装置的夹紧力小,仅适合于要求切削力不大的薄板形工件。
( )52. 使用夹具易保证加工质量。
( )53. 通用夹具定位与夹紧费时,生产率低,故主要适用于单件、小批量生产。
( )54. 组合夹具的特点决定它最适用于产品经常变换的产生。

三、选择题

1. 工件的夹紧方法主要有划线找正装夹、夹具装夹和直接找正装夹 3 种。对于成批大量生产,应考虑采用( )。
   A. 划线找正装夹 B. 夹具装夹 C. 直接找正装夹
2. 主轴加工采用两中心孔定位,能在一次安装中加工大多数表面,符合( )原则。
   A. 基准统一 B. 基准重合
   C. 直接找正装夹 D. 同时符合基准统一和基准重合
3. 在主轴加工中选用支承轴颈作为定位基准磨削锥孔,符合( )原则。
   A. 基准统一 B. 基准重合 C. 自为基准 D. 互为基准
4. 在箱体孔加工中,经常采用浮动镗刀镗孔,这符合( )原则。
   A. 基准统一 B. 基准重合 C. 自为基准 D. 互为基准
5. 为使齿圈磨削余量小而均匀,常先以齿圈为基准磨齿轮内孔,然后再以内孔为基准磨齿圈,这符合( )原则。
   A. 基准统一 B. 基准重合 C. 自为基准 D. 互为基准
6. 床身导轨在垂直面的直线度误差会影响( )的加工精度。
   A. 车床 B. 外圆磨床 C. 龙门刨床
7. 床身导轨在水平面有直线度误差会影响( )的加工精度。
   A. 车床 B. 龙门刨床 C. 导轨磨床
8. 车床主轴存在轴向窜动时,对( )的加工精度影响大。
   A. 外圆 B. 内孔 C. 端面
9. 在车床的两顶尖间装夹一长工件,当机床刚性较好、工件刚性较差时,车削外圆后,工件呈( )误差。
   A. 鞍形 B. 鼓形 C. 无影响
10. 加工( )类工件时,机床传动链误差对加工精度影响很大。
    A. 内孔 B. 外圆 C. 丝杆

11. 用3个支承点对工件的平面进行定位,能限制其( )自由度。
    A. 1个移动、1个转动   B. 2个移动、1个转动   C. 1个移动、2个转动
12. 决定某种定位方法属几点定位,主要根据( )。
    A. 工件被限制了几个自由度   B. 工件需要限制几个自由度
    C. 夹具采用几个定位元件
13. 用心轴对相对于直径有较长长度的孔进行定位时,可以限制工件的( )自由度。
    A. 两个移动、两个转动   B. 三个移动、一个转动   C. 两个移动、一个转动
14. 直径≤16 mm 的定位销,一般采用( )材料制造,并整体淬硬到 HRC50～55。
    A. 20Cr   B. T7A   C. 45 钢
15. 长 V 形架定位能限制( )个自由度。
    A. 3   B. 4   C. 5
16. 两面一销定位能限制( )个自由度。
    A. 4   B. 5   C. 6
17. 铣床上的平口钳属( )。
    A. 通用夹具   B. 专用夹具   C. 组成夹具
18. 斜楔的升角 α=( )时,斜楔能自锁。
    A. 3°～5°   B. 5°～7°   C. 7°～10°
19. 偏心轮直径 D 与偏心距 e 之比 D/e≥( )时,偏心机构能保证自锁。
    A. 5～10   B. 10～14   C. 14～20
20. V 形架属于( )。
    A. 定位元件   B. 夹紧元件   C. 导向元件
21. 对刀元件用于确定( )之间所应具有的相互位置。
    A. 机床与夹具   B. 夹具与工件   C. 夹具与刀具
22. 分度装置属( )部分。
    A. 机床   B. 夹具   C. 独立
23. 专用夹具适用于( )生产。
    A. 单件   B. 小批量   C. 大批量
24. 夹紧力的方向应尽可能和切削力、工件重力( )。
    A. 同向   B. 平行   C. 反向
25. ( )定心夹紧机构适用于精密加工。
    A. 螺旋式   B. 杠杆式   C. 弹性
26. ( )夹紧装置夹紧力最小。
    A. 气动   B. 气—液压   C. 液压
27. 机床夹具按其( )程度,一般可分为通用夹具、专用夹具、成组可调夹具和组合夹具等。
    A. 通用化   B. 系列化   C. 标准化
28. ( )是针对某一工件的某一工序而专门设计和制造的。
    A. 专用夹具   B. 成组可调夹具   C. 通用夹具
29. 在夹具的具体结构中,工件在夹具中定位时,常以支承钉或支承板等元件代替理论上的支承( )。

A. 点　　　　　　　　B. 面　　　　　　　　C. 线
30. 根据工件的加工要求，可以允许进行(　　)。
　　A. 欠定位　　　　　　B. 过定位　　　　　　C. 不完全定位
31. (　　)一般采用活动定位销定位。
　　A. 小型工件　　　　　B. 中型工件　　　　　C. 大型工件
32. 数控机床控制介质是指(　　)。
　　A. 零件图样和加工程序单　　　　　　　　B. 穿孔带
　　C. 穿孔带、磁盘和磁带　　　　　　　　　D. 光电阅读机
33. 数控机床的数控装置包括(　　)。
　　A. 伺服电动机和驱动系统　　　　　　　　B. 控制介质和光电阅读机
　　C. 信息处理、输入和输出装置　　　　　　D. 位移、速度检测装置和反馈系统
34. 脉冲当量是(　　)。
　　A. 每个脉冲信号使伺服电动机转过的角度
　　B. 每个脉冲信号使传动丝杆转过的角度
　　C. 数控装置输出的脉冲量
　　D. 每个脉冲信号使机床移动部件的位移量
35. 加工平面任意直线应采用(　　)。
　　A. 点位控制数控机床　　　　　　　　　　B. 点位直线控制数控机床
　　C. 轮廓板控制数控机床　　　　　　　　　D. 闭环控制液数控机床
36. 闭环控制数控机床(　　)。
　　A. 是伺服电动机和传动丝杠之间采用齿轮减速连接的数控机床
　　B. 采用直流伺服电动机并在旋转轴上装有角位移检测装置
　　C. 采用步进电动机并有检测位置的反馈装置
　　D. 采用交、直流电动机并有检测位移的检测装置
37. DNC系统是指(　　)。
　　A. 自适应控制　　　　　　　　　　　　　B. 计算机群控
　　C. 柔性制造系统　　　　　　　　　　　　D. 计算机数控系统
38. FMS是指(　　)。
　　A. 自动换工厂　　　　　　　　　　　　　B. 计算机数控系统
　　C. 柔性制造系统　　　　　　　　　　　　D. 数控加工中心
39. CNC系统软件存放在(　　)。
　　A. 单片机　　　　B. 程序存放器　　　C. 数据存储器　　　D. 穿孔纸带
40. 译码程序是把工件加工程序翻译成(　　)。
　　A. 二进制度　　B. 计算机高级语言　　C. 计算机汇编语言　　D. 计算机内部能识别的语言
41. 加工第一现象的斜线，用逐点比较法直线插补，若偏差函数值等于零，说明加工点在(　　)
　　A. 坐标原点　　B. 斜线上方　　　　C. 斜线上　　　　　D. 斜线下方
42. 采用逐点比较法加工第一现象的斜线，若偏差函数等于零，规定刀具向(　　)方向移动。
　　A. +X　　　　　B. -X　　　　　　　C. +Y　　　　　　　D. -Y

43. 闭环伺服系统使用的执行元件是（　　）。
    A. 直流伺服电动机　　B. 交流伺服电动机　　C. 步进电动机　　D. 电液脉冲马达

44. 步进电动机所用的电源是（　　）。
    A. 直流电源　　B. 交通电源　　C. 脉冲电源　　D. 数字信号

45. 步进电动机的角位移与（　　）成正比。
    A. 步距角　　B. 通电频率　　C. 脉冲当量　　D. 脉冲数量

46. 交、直流伺服电动机和普通交、直流电动机的（　　）。
    A. 工作原理及结构完全相同
    B. 工作原理相同但结构不同
    C. 工作原理不同但结构相同
    D. 工作原理及结构完全不同

47. 在程序编制中，首件试切的作用是（　　）。
    A. 检验零件图样的正确性
    B. 检验零件工艺方案的正确性
    C. 检验程序单或控制介质的正确性，并检查是否满足加工精度要求
    D. 仅检验数控穿孔带的正确性

48. 进给功能字 F 后的数字表示（　　）。
    A. 每分钟进给量（mm/min）
    B. 每秒钟进给量（mm/s）
    C. 每转进给量（mm/r）
    D. 螺纹螺距

49. 加工圆柱形、圆锥形、各种回转表面、螺纹以及各种盘类工件并进行钻、扩、镗孔时，可选用（　　）。
    A. 数控铣床
    B. 加工中心
    C. 数控车床
    D. 加工单元

50. SINUMERIK 802D 系统准备功能 G90 表示的功能是（　　）。
    A. 预置功能　　B. 固定循环
    C. 绝对尺寸　　D. 增量尺寸

51. 在以下说法中，（　　）是错误的。
    A. G92 是模式指令
    B. G04 X3.0 表示暂停 3 s
    C. G33 Z_F_中的 F 表示进给量
    D. G41 是刀具左补偿

52. 在圆弧插补段程序中，若采用圆弧半径 R 编程时，从起始点到终点存在两条圆弧线段，当圆弧（　　）时，用－R 表示圆弧半径。
    A. 小于或等于 180°　　B. 大于或等于 180°
    C. 小于 180°　　D. 大于 180°

53. 如果圆弧是一个封闭整圆，要求由点 $A(20,0)$ 逆时圆弧插补并返回点 A，其程序段格式为（　　）。
    A. G90　G03 X20.0 Y0 I－20.0 J0 F100
    B. G90　G03 X20.0 Y0 I－20.0 J0 F100
    C. G91　G30 X20.0 Y0 R－20.0 F100
    D. G90　G03 X20.0 Y0 I20.0 J0 F100

54. 编排数控机床加工工序时，为了提高加工精度，应采用（　　）。
    A. 精密专业夹具
    B. 一次装夹多工序集中法
    C. 流线作业法
    D. 工序分散加工法

55. 装夹工件时应考虑（　　）。
    A. 尽量采用装用夹具　　　　　　　　B. 尽量采用组合夹具
    C. 夹紧力靠近主要支承点　　　　　　D. 夹紧力始终不变
56. 选择刀具起始点应考虑（　　）。
    A. 防止与工件或夹具干涉碰撞　　　　B. 方便工件安装测量
    C. 每把道具刀尖在起始点重合　　　　D. 必须选在工件外侧

四、简答题

1. 简述粗基准的选择原则。
2. 简述精基准的选择原则。
3. 按照基准统一原则选用精基准有何优点？
4. 试从定位误差角度分析，为何要尽可能采用工序基准为定位基准？
5. 什么叫工艺系统？
6. 机床夹具在机械加工过程中的主要作用是什么？
7. 数控车床的主传动系统有何特点？
8. 简述润滑的作用。数控车床一般采用什么润滑方式？
9. 数控机床的齿轮传动副为什么要消除齿侧间隙？斜齿圆柱齿轮传动常用的消隙措施有哪几种？

五、名词术语解释

1. 开环控制　　　2. 闭环控制　　　3. 数控机床 I/O 控制部分
4. 实时控制　　　5. 数控车床方刀架　　6. 盘形自动回转刀架
7. 车削动力刀架　8. 伺服驱动系统　　　9. 光电编码器
10. 位置检测装置

附题 2：

数控车床操作工（高级）应知模拟试题 1

一、填空题（每空 1 分，共 20 分）

1. 所谓零点偏置就是_____。
2. 滚珠丝杠副的轴向间隙是指丝杠和螺母无相对转动时，丝杠和螺母之间的_____。
3. 开环控制系统的控制精度取决于_____和_____的精度。
4. 特种加工是指_____、_____、_____、超声波加工等。
5. 感应同步器是基于_____现象工作的。
6. 影响切削力的主要因素有_____、_____、_____三大方面。
7. 安装车刀时，刀杆和刀架上伸出量过长，切削时容易产生_____。
8. 切削用量三要素中影响切削力程度由大到小的顺序是：_____、_____、_____。
9. 断屑槽的尺寸主要取决于_____和_____。
10. 砂轮是由_____和_____粘结而成的多孔物体。
11. 在同一台数控机床上，应用相同的加工程序、相同代码加工一批零件所获得的连续结果的一致程度，称为_____。

二、单项选择题（每小题 2 分，共 30 分）

1. 数控机床的核心装置是指（   ）。
   A. 机床本体 B. 数控装置 C. 输入输出装置 D. 伺服装置
2. 八位计算机是指（   ）。
   A. 存储器的字由 8 位组成 B. 数据存储器能存储的数字为 8 位
   C. 存储器有 8KB D. 微处理器数据的宽度为 8 位
3. 掉电保护电路的作用是（   ）。
   A. 防止强电干扰 B. 防止系统软件丢失
   C. 防止 RAM 中保存的信息丢失 D. 防止电源电压波动
4. 直流伺服电动机的 PWA 调速法具有调速范围宽的优点，是因为（   ）。
   A. 采用大功率晶体管 B. 采用桥式电路
   C. 电动机电枢的电流脉冲小，接近纯直流 D. 脉冲开关频率固定
5. 以下（   ）不是进行零件数控加工的前提条件。
   A. 已经返回参考点 B. 待加工零件的程序已经装入 CNC
   C. 空运转 D. 已经设置了必要的补偿值
6. 数控机床的 Z 轴方向（   ）。
   A. 平行于工件装夹方向 B. 垂直于工件装夹方向
   C. 与主轴回转中心平行 D. 不确定

7. 为了改善磁尺的输出信号,常采用多间隙磁头进行测量,磁头间隙(　　)。
   A. 1个节距　　　　B. 1/2个节距　　　C. /4个节距
8. 提高滚珠导轨承载能力的最佳方法是(　　)。
   A. 增大滚珠直径　　B. 增加滚珠数目　　C. 增加导轨长度
9. 车床数控系统中,用(　　)指令进行恒线速控制。
   A. G00S　　　　B. G96S　　　　C. G01F　　　　D. G98S
10. 磁尺位置检测装置的输出信号是(　　)。
    A. 滑尺绕组产生的感应电压
    B. 磁头输出绕组产生的感应电压
    C. 磁尺另一侧磁电转换元件的电压
11. 可用于开环伺服控制的电动机是(　　)。
    A. 交流主轴电动机　　　　　　B. 永磁宽调速直流电动机
    C. 无刷直流电动机　　　　　　D. 功率步进电动机
12. CNC系统一般可用几种方式得到工件加工程序,其中MDI是(　　)。
    A. 利用磁盘机读入程度　　　　B. 从串行通信接口接收程序
    C. 利用键盘以手动方式输入程序　D. 从网络通过Modem接收程序
13. 采用经济型数控系统的机床不具有的特点是(　　)。
    A. 采用步进电机伺服系统　　　B. CPU可采用单片机
    C. 只配备必要的数控系统　　　D. 必须采用闭环控制系统
14. AutoCAD中要绘制有一定宽度或有变化宽度的图形实体要用(　　)命令实现。
    A. 直线LINE　　B. 圆CIRCLE　　C. 圆弧ARC　　D. 多线段PLI
15. (　　)是无法用准备功能字G来规定和指定的。
    A. 主轴旋转方向　　B. 直线插补　　C. 刀具补偿　　D. 增量尺寸

三、判断题(每题1分,共20分。在正确题干的前面画"√",在错误题干前面画"×")
(　)1. 数控机床的参考点是机床上的一个固定位置点。
(　)2. 重复定位对提高工件的刚性和强度有一定的好处。
(　)3. 当电源接通时,每一个模态组内的G功能维持上一次断电前的状态。
(　)4. 硬质合金刀具在高温时氧化磨损与扩散磨损加剧。
(　)5. 数控系统操作面板上的复位键的功能是解除报警和数控系统的复位。
(　)6. 可调支承顶端位置可以调整,一般用于形状和尺寸变化较大的毛坯面的定位。
(　)7. 辅助功能M00指令为无条件程序暂停,执行该程序后,所有的运转部件停止运动,且所有的模态信息全部丢失。
(　)8. 使用千分尺时,用等温方法将千分尺和被测件保持同温,这样可以减少对测量结果的影响。
(　)9. 车削细长轴时,跟刀架调整越紧越有利于切削加工。
(　)10. 准备功能G40、G41、G42都是模态指令。
(　)11. 切削形成的过程实质是金属切削层在刀具作用力的挤压下产生弹性变形、塑性变形和剪切滑移。
(　)12. 辅助功能M02和M03都表示主程序的结束,程序自动运行至此后,程序运行停止,系统自动复位一次。

（　）13. 数控装置是由中央处理单元、只读存储器、随机存储器、相应的总线和各种接口电路所构成的专用计算机。

（　）14. 机电一体化与传统的自动化最主要的区别之一是系统控制的智能化。

（　）15. 加工精度是指加工件加工后的实际几何参数与理想几何参数的偏离程度。

（　）16. 计算机的输入设备有鼠标、键盘、数字化仪、扫描仪、手写板等。

（　）17. 半闭环数控系统的测量装置一般为光栅、磁尺等。

（　）18. 数控加工程序调试的目的：一是检查所编程序是否正确，二是把程序零点、加工零点和机床零点统一。

（　）19. PLC内部元素的触点和线圈的连接是由程度来实现的。

（　）20. 数控零件加工程序的输入和输出必须在MDI方式下完成。

四、名词解释（每小题4分，共16分）

1. 机床参考点：
2. 刀位点：
3. 脉冲当量：
4. 逐点比较插补法：

五、简答题（每小题7分，共14分）

1. 试述数控机床加工程序编制的方法与步骤。
2. 什么叫插补？应用较多的插补算法有哪些？

附题3：

数控车床操作工(高级)应知模拟试题2

一、填空题(每空1分,共20分)

1. 可编程控制器在数控机床中主要完成各执行机构的_____控制。
2. 点比较法插补直线时,可以根据_____与刀具应走的总步数是否相等判断直线是否加工完毕。
3. 电火花加工是利用两电极间_____时产生的_____作用,对工件进行加工的一种方法。
4. 静电导轨的两导轨面间始终处于_____摩擦状态。
5. 砂轮的组织是指_____、_____、_____三者之间的比例关系。
6. 光栅传感器中,为了判断光栅移动的方向,应在相距1/4莫尔条纹宽度处安装两光敏元件,这样,当莫尔条纹移动时,将会得到两路相位相差_____的波形。
7. 量规按用途可分为_____量规、_____量规和_____量规。
8. 由于高速钢的_____性能较差,因此不能用于高速切削。
9. 高速车螺纹进刀时,应采用_____法。
10. 研磨工具的材料应比工件材料_____。
11. 由于工件材料、切削条件不同,切削过程中常形成_____、_____、_____和_____等4种切削。
12. 在同一台数控机床上,应用相同的加工程序、相同代码加工一批零件所获得的连续结果的一致程度,称为_____。

二、单项选择题(每小题2分,共30分)

1. 工件材料相同时,车削时温升基本相等,其热变形伸长量取决于(　　)。
   A. 工件长度　　　B. 材料热膨胀系数　　　C. 刀具磨损程度
2. AC控制是指(　　)。
   A. 闭环控制　　　B. 半闭环控制　　　C. 群控系统　　　D. 适应控制
3. 数控机床坐标轴命名原则规定,(　　)的运动方向为该坐标轴的正方向。
   A. 刀具远离工件　B. 刀具接近工件　C. 工件远离刀具
4. 数控机床位置检测装置中,(　　)属于旋转型检测装置。
   A. 感应同步器　　B. 脉冲编码器　　C. 光栅　　　　D. 磁栅
5. 精车外圆时宜选用(　　)刃倾角。
   A. 正　　　　　　B. 负　　　　　　C. 零
6. 数控机床在轮廓拐角处产生欠程现象,应采用(　　)方法控制。
   A. 提高进给速度　B. 修改坐标点　　C. 减速或暂停　　D. 更换刀具

7. 采用固定循环编程,可以( )。
   A. 加快切削速度,提高加工质量　　　　B. 缩短程序的长度,减少程序所占内存
   C. 减少换刀次数,提高切削速度　　　　D. 减少吃刀深度,保证加工质量
8. 静压导轨与滚动导轨相比,抗振性( )。
   A. 前者优于后者　　　B. 后者优于前者　　　C. 两者一样
9. 对于配合精度要求较高的圆锥加工,在工厂一般采用( )检验。
   A. 圆锥量规涂色　　　B. 游标量角器　　　C. 角度样板
10. 杠杆卡规是利用( )放大原理制成的量具。
    A. 杠杆—齿轮传动　　B. 齿轮—齿条传动　　C. 金属纽带传动　　D. 蜗轮蜗杆传动
11. 在确定数控车床坐标系时,首先要指定的是( )。
    A. X轴　　　　　　B. Y轴　　　　　　C. Z轴　　　　　　D. 回转运动的轴
12. 由单个码盘组成的绝对脉冲发生器所测的角位移范围为( )。
    A. 0~90°　　　　　B. 0~180°　　　　C. 0~270°　　　　D. 0~360°
13. 外圆形状简单、内孔形状复杂的工件,应选择( )作刀位基准。
    A. 外圆　　　　　　B. 内孔　　　　　　C. 外圆或内孔均可
14. 当交流伺服电动机正在旋转时,如果控制信号消失,则电动机将会( )。
    A. 以原转速继续转动　　　　　　　　　B. 车速　渐加大
    C. 转速　渐减小　　　　　　　　　　　D. 立即停止转动
15. FANUC O系列数控系统操作面板上显示报警号的功能键是( )。
    A. DGNOS/PARAM　　B. POS　　　C. OPR/ALARM　　　D. MENU OFSET

三、判断题(每小题1分,共20分。在正确题干的前面画"√",在错误题干前面画"×")

( )1. 切削速度选取过高或过低都容易产生积屑瘤。
( )2. 数控车床传动系统的进给运动有纵向进给运动和横向进给运动。
( )3. 铸、锻件可用正火工序处理,以降低它们的硬度。
( )4. 数控机床的机床坐标系和工件坐标系零点重合。
( )5. 铜及铜合金的强度和硬度较低,夹紧力不宜过大,防止工件夹紧变形。
( )6. 钻盲孔时,为减少加工硬化,麻花钻的进给应缓慢地断续进给。
( )7. AutoCAD绘图时,圆、圆弧、曲线在绘图过程中常会形成折线状,可以用重画 RE-DRAW 命令使其变得光滑。
( )8. 焊接式车刀制造简单、成本低、刚性好,但存在焊接应力、刀片易裂的缺点。
( )9. 链传动中链节距越大,链能传递的功率也越大。
( )10. 高速钢在低速、硬质合金在高速下切削时,粘结磨损所占比重大。
( )11. FANUC系统中,程序段 M98 P51002 的含义是"将子程序号为5100的子程序连续调用二次"。
( )12. 通过传感器直接检测目标运动并进行反馈控制的系统称为半闭环控制系统。
( )13. G00功能是以车床设定最大运动速度定位到目标点,其轨迹为一直线。
( )14. 需渗碳淬硬的主轴,上面的螺纹因淬硬后无法车削,因此要车好螺纹后再进行淬火。
( )15. G96功能为主轴恒线速度控制,G97功能为主轴恒转速控制。
( )16. 直接改变生产对象的尺寸、形状、相对位置、表面状态或材料性质等工艺过程所消耗

的时间称为基本时间。
(   )17. 数控半闭环控制系统一般利用装在电动机或丝杆上的光栅获得位置反馈量。
(   )18. 数控机床通过返回参考点可建立工件坐标系。
(   )19. FMC 可以分为物流系统、加工系统和信息系统三大部分。
(   )20. 研磨工具的材料应比工件材料硬。

四、名词解释(每小题 4 分,共 16 分)

1. 步进电动机：
2. 闭环控制伺服系统：
3. 数控回转工作台：
4. 加工精度：

五、简答题(每小题 7 分,共 14 分)

1. 车削轴类零件时,由于车刀的哪些原因而使表面粗糙度值达不到要求？
2. 为什么要进行刀具偏置补偿？刀具偏置补偿有哪几种形式？

附题4：

数控车床操作工(高级)应知模拟试题3

一、填空题(每空1分,共20分)

1. 数控机床的伺服机构包括_____控制和_____控制两部分。
2. 在数控机床坐标系中,绕平行于X、Y和Z轴的回转运动的轴分别称为_____轴、_____轴和_____轴。
3. 为了防止强电系统干扰及其他信号通过通用I/O接口进入微机,影响其工作,通常采用_____方法。
4. 步进电动机的相数和齿数越多,在一定脉冲下,转速_____。
5. 机床的几何误差包括_____、_____和_____引起的误差。
6. 切削余量中对刀具磨损影响最大的是_____,最小的是_____。
7. 车细长轴时,要使用_____和_____来增加工作件刚性。
8. 刀具断屑槽的形状有_____型和_____型。
9. 切削液中的切削油主要起_____作用。
10. 滚珠丝杠副的传动间隙是指_____间隙。
11. 表面粗糙度值是指零件加工表面所具有的较小间距和_____的_____几何形状不平度。
12. 在闭环数控系统中,机床的定位精度主要取决于_____的精度。

二、单项选择题(每小题2分,共30分)

1. 在车削加工中心上不可以( )。
   A. 进行铣削加工   B. 进行钻孔   C. 进行螺纹加工   D. 进行磨削加工。
2. 数控零件加工程序的输入必须在( )工作方式下进行。
   A. 手动   B. 手动数据输入   C. 编辑   D. 自动
3. PWM是脉冲宽度调制的缩写,PWM调速单元是指( )。
   A. 晶闸管相控整流器速度控制单元   B. 直流伺服电机及其速度检测单元
   C. 大功率晶体管斩波器速度控制单元   D. 感应电动机变频调速系统
4. 切削用量中,切削速度是指主运动的( )。
   A. 转速   B. 走刀量   C. 线速度
5. 已经执行程序段:G96 S50 LIMS=3000 F0.4后,车刀位于主轴回转中心时主轴转速为( )。
   A. 50   B. 2500   C. 3000   D. 0.4
6. 金属切削时,形成切削的区域在第( )变形区。
   A. 1   B. 2   C. 3
7. 光栅利用( ),使得它能得到比栅距还小的位移量。

A. 摩尔条纹的作用　　B. 刀具中心的轨迹　　C. 工件运动的轨迹
8. 绝对式脉冲发生器的单个码盘上有8条码道,则其分辨率约为(　　)。
　　A. 1.10°　　　　B. 1.21°　　　　C. 1.30°　　　　D. 1.41°
9. 数控铣床在加工过程中,NC系统所控制的总是(　　)。
　　A. 零件轮廓的轨迹　　B. 刀具中心的轨迹　　C. 工件运动的轨迹
10. 调整车削螺纹时,硬质合金车刀刀尖角应(　　)螺纹的牙型角。
　　A. 大于　　　　　　B. 小于　　　　　　C. 等于
11. AutoCAD中要恢复最近一次被删除的实体,应选用(　　)命令。
　　A. OOPS　　　　B. U　　　　C. UNDO　　　　D. REDO
12. 欲加工第一象限的斜线(起始点在坐标原点),有逐点比较法直线插补,若偏差函数大于零,说明加工点在(　　)。
　　A. 坐标原点　　　　B. 斜线上方　　　　C. 斜线下方　　　　D. 斜线上
13. 光栅利用(　　),使得它能测量比栅距还小的位移量。
　　A. 莫尔条纹　　　　B. 数显表　　　　C. 细分技术　　　　D. 高分辨指示光栅
14. 数控机床轴线的重复定位误差为各测点重复定位误差中的(　　)。
　　A. 平均值　　　　　　　　　　　　B. 最大值
　　C. 最大值和最小值之差　　　　　　D. 最大值和最小值之和
15. 数控机床伺服系统是以(　　)为直接控制目标的自动控制系统。
　　A. 机械运动速度　　B. 机械位移速度　　C. 切削力　　D. 机械运动精度

三、判断题(每小题1分,共计20分。在正确题干的前面画"√",在错误题干前面画"×")
(　)1. 数控车床的运动量是由数控系统内的可编程控制器PLC控制的。
(　)2. 恒线速控制的原理是工件的直径越大,主轴转速越慢。
(　)3. 增大刀具前角γ_0能使切削力减小,产生的热量少,可提高刀具的使用寿命。
(　)4. AutoCAD中既可以设置0层的线型和颜色,也可以改变0层的层名。
(　)5. 恒线速度控制适合于切削工件直径变化较大的零件。
(　)6. 三爪自定心卡盘上的三个卡爪属于标准件,可任意装夹到任一条卡盘槽内。
(　)7. AutoCAD中用ERASE(擦除)命令可以擦除边界线,而只保留剖面线。
(　)8. 为了保证千分尺不生锈,使用完毕后,应将其浸泡在机油或柴油里。
(　)9. 加工轴套类零件采用三爪自定心卡盘能迅速夹紧工件并自动定心。
(　)10. 在表面粗糙度的基本符号上加一小圆,表示表面是以除去材料的加工方法获得的。
(　)11. 卧式车床床身导轨在垂直面内的直线度误差对加工精度的影响最大。
(　)12. 在液压传动系统中,传递运动和动力的工作介质是汽油和煤油。
(　)13. 沿两条或两条以上在轴向等距分布的螺旋线形成的螺纹,称为多线螺纹。
(　)14. 弹性变形和塑性变形都会引起零件和工具的外形及尺寸的改变,都是工程技术上所不允许的。
(　)15. 退火一般安排在毛坯制造以后,粗加工进行之前。
(　)16. 高速钢车刀的韧性虽然比硬质合金车刀好,但也不能用于高速切削。
(　)17. 切削温度一般是指工件表面的温度。
(　)18. 高速钢刀具在低温时以机械磨损为主。

( )19. 车内锥时,刀尖高于工件轴线,车出的锥面用锥形塞规检验时,会出现两端显示剂被擦去的现象。
( )20. 用砂布抛光时,工件转速应选得较高,并使砂布在工件表面上快速移动。

四、名词解释(每小题 4 分,共 16 分)
1. 对刀点:
2. 非模态代码:
3. 柔性制造系统 FMS:
4. 刀具半径补偿:

五、简答题(每题 7 分,共 14 分)
1. 试分析数控车床 X 方向的手动对刀过程。
2. 制定数控车削加工工艺方案时应遵循哪些基本原则?

附题 5：

数控车床操作工（高级）应知模拟试题 4

一、填空题（每空 1 分，共 20 分）

1. 逐点比较插补法根据_____和_____是否相等来判断加工是否完毕。
2. 由于受微机_____和步进电动机_____的限制，脉冲插补法只适用于速度要求不高的场合。
3. 暂停指令 G04 常用于_____和_____场合。
4. 砂轮的特性由_____、_____、_____、_____及组织 5 个参数决定。
5. 滚珠丝杠螺母按其中的滚珠循环方式可分为_____和_____两种。
6. 研磨可以改善工件表面_____误差。
7. 积屑瘤对加工的影响是_____、_____、_____和_____。
8. 工艺基准分为_____基准、_____基准和_____基准。

二、单项选择题（每小题 2 分，共 30 分）

1. FANUC O 系列数控操作系统操作面板上显示当前位置的功能键是（　　）。
   A. DGNOS　PARAM　　B. POS
   C. PRGRM　　　　　　D. MENU　OFSET
2. 滚珠丝杠预紧的目的是（　　）。
   A. 增加阻尼比，提高抗振性
   B. 提高运动平稳性
   C. 消除轴向间隙和提高传动风度
   D. 加大摩擦力，使系统能自锁
3. （　　）是机电一体化与传统的工业化最主要的区别之一。
   A. 系统控制的智能化　B. 操作性能柔性化　C. 整体结构最优化
4. 一台三相反应式步进电动机，其转子有 40 个齿；采用单、双六拍通电方式。若控制脉冲频率 $f=1\,000$ Hz，则该步进电动机的转速（r/min）为（　　）。
   A. 125　　　　　B. 250　　　　　C. 500　　　　　D. 750
5. 计算机数控系统的优点不包括（　　）。
   A. 利用软件灵活改变数控系统的功能，柔性高
   B. 充分利用计算机技术及其外围设备增加数控系统功能。
   C. 数控系统功能靠硬件实现，可靠性高。
   D. 系统性能价格比高，经济性好
6. 通常 CNC 系统通过输入装置输入的零件加工程序存放在（　　）。
   A. EPROM 中　　　B. RAM 中　　　C. ROM 中　　　D. EEPROM 中

7. 直线感应同步器定尺上是（　　）。
   A. 正弦绕组　　　B. 余弦绕组　　　C. 连续绕组　　　D. 分段绕组
8. 车圆锥体时，如果刀尖与工件轴线不等高，这时车出的圆锥面呈（　　）形状。
   A. 凸状双曲线　　B. 凹状双曲线　　C. 直线　　　　　D. 斜线
9. 为了使工件获得较好的强度、塑性和韧性等方面综合力学性能，对材料要进行（　　）处理。
   A. 正火　　　　　B. 退火　　　　　C. 调质　　　　　D. 淬火
10. 在开环控制系统中，影响重复定位精度的有滚珠丝杠副的（　　）。
    A. 接触变形　　　B. 热变形　　　　C. 配合间隙　　　D. 消隙机构
11. 数字式位置检测装置的输出信号是（　　）。
    A. 电脉冲　　　　B. 电流量　　　　C. 电压量
12. 对一个设计合理、制造良好的带位置闭环系统的数控机床，可达到的精度由（　　）决定。
    A. 机床机械结构的精度　　B. 检测零件的精度　　C. 计算机的运算速度
13. AutoCAD 中要标出某一尺寸±0.6°，应在 Text 后输入（　　）特殊符号。
    A. ％％D0.6％％P　　　　　　　　B. ％％P0.6％％D
    C. 0.6％％D　　　　　　　　　　 D. ％％P0.6％
14. 加工时采用了近似的加工运动或近似刀具的轮廓产生的误差称为（　　）。
    A. 加工原理误差　　B. 车床几何误差　　C. 刀具误差
15. 数控系统为了检测刀盘上的工位，可在检测轴上安装（　　）。
    A. 角度编码器　　　B. 光栅　　　　　　C. 磁尺

三、判断题（每小题 1 分，共 20 分。在正确题干的前面画"√"，在错误题干前面画"×"）
（　）1. 专门为某一工件的某一道工序设计的夹具称为专用夹具。
（　）2. 目前驱动装置的电动机有步进电动机、直流伺服电动机和交流便服电动机等。
（　）3. 链传动是依靠啮合力传动的，所以它的瞬时传动比很准确。
（　）4. 工序集中就是将工件的加工内容集中在少数几道工序内完成，每道工序的加工内容多。
（　）5. 在 AutoCAD 中，关闭层上的图形是可以打印出来的。
（　）6. 数控装置是数控车床执行机构的驱动部件。
（　）7. 采用成形法铣削齿轮适用于任何批量齿轮的生产。
（　）8. 焊接式车刀制造简单、成本低、刚性好，但存在焊接应力、刀片易裂的缺点。
（　）9. 形位公差就是限制零件的形状公差。
（　）10. 滚珠丝杠副按其使用范围及要求分为 6 个等级精度，其中 C 级精度最高。
（　）11. 齿形链常用于高速或平稳性与运动精度要求较高的传动中。
（　）12. 若 I、J、K、R 同时在一个程序段中出现，则 R 有效，I、J、K 被忽略。
（　）13. 刀具耐热性是指金属切削过程中产生剧烈摩擦的性能。
（　）14. 选择定位基准时，为了确保外形与加工部位的相对正确，应选加工表面作为粗基面。
（　）15. 乳化液主要用来减少切削过程中的摩擦和降低切削温度。
（　）16. 车端面装刀时，要严格保证车刀的刀尖对准工件中心，否则车到工件中心时会使刀尖崩碎。
（　）17. 乳化液是将乳化油用 15~20 倍的水稀释而成的。

( )18. 车外圆时,圆柱度达不到要求的原因之一是由于车刀材料耐磨性差而造成的。
( )19. 机械加工工艺过程卡片以工序为单位,按加工顺序列出整个零件加工所经过的工艺路线、加工设备和工艺装备及时间定额等。
( )20. 考虑被加工表面技术要求是选择加工方法的唯一依据。

四、名词解释(每小题 4 分,共 16 分)

1. 工件坐标系:
2. 加工硬化:
3. CAD/CAM:
4. 六点定位原则:

五、简答题(每题 7 分,共 14 分)

1. 简述刀尖圆弧半径补偿的作用。
2. 什么是粗基准？如何选择粗基准？

评分表

序号	项目	检测内容		占分	评分标准	实测	得分
1	外圆	$\phi 49_{-0.021}^{0}$	尺寸	8	超差0.01扣1分 $R_a>1.6$扣2分		
2			$R_a1.6$	2	$R_a>1.6$扣1分,$R_a>3.2$全扣		
3		$\phi 36_{-0.021}^{0}$	尺寸	8	超差0.01扣1分 $R_a>3.2$全扣		
4			$R_a1.6$	2	$R_a>1.6$扣1分,$R_a>3.2$全扣		
5	内螺纹	M27×2中径		10	超差0.01扣2分		
6			4×2	2	超差不得分		
7	外螺纹	M36×4(P2)中径		10	超差0.01扣3分,乱牙不得分		
8			5×2	2	超差不得分		
9	螺纹配合	内外螺纹涂色检查		14	不能配合全扣		
10	圆锥面	圆锥量规涂色检查		10	超差不得分		
11	倒角	$R_a1.6$		4	$R_a>1.6$扣1分,$R_a>3.2$全扣		
12		2处		2	少一处扣2分		
13	长度	83±0.03		5	超差0.01扣2分		
14		110		2	超差不得分		
15	端面	$R_a1.6$		4	$R_a>1.6$扣1分,$R_a>3.2$全扣		
16	平行度			5	超差0.01扣2分		
17	圆弧连接			5	有明显接痕不得分		
18	文明生产				发生重大安全事故取消考试资格;按照有关规定每违反一项从总分中扣除3分		
19	其他项目				工作必须完整,工件局部无缺陷(如夹伤、划痕等)		
20	程序编制				程序中严重违反工艺规程加工则终止考试,其他问题酌情扣分		
21	加工时间				120 min后尚未开始加工则终止考试,超过定额时间5 min扣1分;超过10 min扣5分;超过15 min扣10分;超过20 min扣20分;超过25 min扣25分;超过30 min则停止考试		
22							
合计				80~100分	60~79分	0~59分	
得分							
考试时间		开始:	时 分	结束:	时 分	评分	总分
记事					检验		
监考							

技术要求:

1. 不允许使用砂布或锉刀修整表面;
2. 未注倒角C_1。
3. 螺纹加工一端可加工B2.5的中心孔。
4. 工件加工时不得断开,评分时断开。

名称	组合件	材料规格	45,$\phi 55$mm×115 mm
图号		工时	360 min(含编程)

评分表

序号	项目	检测内容		占分	评分标准	实测	得分
1	外圆	$\phi 30^{+0.023}_{-0.020}$	尺寸	8	超差0.01扣2分		
2			$R_a1.6$	4	$R_a>1.6$扣1分，$R_a>3.2$全扣		
3		$\phi 28^{0}_{-0.021}$	尺寸	8	超差0.01扣2分		
4			$R_a1.6$	4	$R_a>1.6$扣1分，$R_a>3.2$全扣		
5	内孔	$\phi 22^{+0.021}_{0}$	尺寸	8	超差0.01扣2分		
6			$R_a1.6$	4	$R_a>1.6$扣1分，$R_a>3.2$全扣		
7		$\phi 18^{+0.021}_{0}$	尺寸	8	超差0.01扣2分		
			$R_a1.6$	4	$R_a>1.6$扣1分，$R_a>3.2$全扣		
8	倒角	4处		4	少一处扣1分		
9	长度	$20^{0}_{-0.16}$		3	超差不得分		
10		$36^{0}_{-0.16}$		3	超差不得分		
11		17 ± 0.042		3	超差不得分		
12		48		1	超差不得分		
13	内沟槽	3处		6	超差不得分		
14	外沟槽	1处		2	超差不得分		
15	垂直度			7	超差不得分		
16	同轴度			16	超差不得分		
17	圆柱度			7	超差不得分		
18	文明生产	发生重大安全事故取消考试资格；工件局部无缺陷（如夹伤、划痕等），按照有关规定每违反一项从总分中扣除3分					
19	其他项目	工件必须完整，工件局部无缺陷（如夹伤、划痕等）					
20	程序编制	程序中严重违反工艺规程的则取消考试资格；其他问题酌情扣分					
21	加工时间	120 min后尚未开始加工则终止考试；超过定额时间5 min扣1分；超过10 min扣5分；超过15 min扣10分；超过20 min扣20分；超过25 min扣30分；超过30 min则停止考试					
合计							

得分	80~100分	60~79分	0~59分	总分
考试时间	开始 时 分	结束 时 分	评分	
记事		检验		
监考				

技术要求：
1. 不允许使用砂布或锉刀修整表面；
2. 未注倒角C1。

其余 $\sqrt{3.2}$

未注内沟槽2×0.5，R_a为12.5

名称	套	材料规格	45，$\phi 50\ mm\times 50\ mm$
图号		工时	360 min（含编程）

单位:　　　　　　　　　姓名:　　　　　　　　　准考证号:

评分表

序号	项目	检测内容		占分	评分标准	实测	得分
1	外圆	$\phi 60_{-0.02}^{0}$	尺寸	10	超差0.01扣2分		
2			$R_a 1.6$	4	$R_a>1.6$扣1分,$R_a>3.2$全扣		
3		$\phi 50$	尺寸	3	超差0.01扣2分		
4			$R_a 1.6$	4	$R_a>1.6$扣1分,$R_a>3.2$全扣		
5	内孔	$\phi 32_{0}^{+0.03}$	尺寸	5	超差0.01扣2分		
6			$R_a 1.6$	4	$R_a>1.6$扣1分,$R_a>3.2$全扣		
7	内锥孔		15 ± 6	10	超差0.01扣2分		
			$R_a 1.6$	5	$R_a>1.6$扣1分,$R_a>3.2$全扣		
8	内螺纹	M36×2 (止通规检查)		10	止通规检查不满足要求,不得分		
9	倒角	退刀槽	$\phi 40$	5	超差不得分		
10			$R_a 3.2$	4	$R_a>3.2$扣1分,$R_a>6.3$全扣		
11		3处		6	少一处扣2分		
12	长度	76		5	超差不得分		
13		49 ± 0.02		5	超差0.01扣2分		
14		$25_{-0.084}^{0}$		5	超差0.01扣2分		
15	圆角	3处		6	少一处扣2分		
16	同轴度			10	超差不得分		
17							
18	文明生产	发生重大安全事故取消考试资格;按照有关规定每违反一项从总分中扣除3分					
19	其他项目	工件必须完整,工件局部无缺陷(如灰伤、划痕等)					
20	程序编制	程序中严重违反工艺规程的则取消考试资格					
21	加工时间	120 min后尚未开始加工则终止考试;超过定额时间5 min扣1分;超过10 min扣5分;超过15 min扣10分;超过20 min扣20分;超过25 min扣30分;超过30 min则停止考试					
合计							

得分	80~100分	60~79分	0~59分
考试时间	开始:　　时　　分; 结束:　　时　　分		总
记事		评分	分
监考		检验	

其余 $\sqrt{3.2}$

技术要求:
1. 不允许使用砂布或锉刀修整表面;
2. 未注倒角C1。

名称	轴套	材料规格	45, ϕ75 mm×80 mm
图号		工时	360 min(含编程)

单位：_____　姓名：_____　准考证号：_____

评分表

序号	项目	检测内容		占分	评分标准	实测	得分
1	外圆	$\phi48_{-0.039}^{0}$	尺寸	10	超差0.01扣2分		
2			$R_a1.6$	2	$R_a>1.6$扣1分，$R_a>3.2$全扣		
3		$\phi47.33_{-0.062}^{0}$	尺寸	10	超差0.01扣2分		
4			$R_a1.6$	2	$R_a>1.6$扣1分，$R_a>3.2$全扣		
5		$\phi40_{-0.039}^{0}$	尺寸	10	超差0.01扣2分		
6			$R_a1.6$	2	$R_a>1.6$扣1分，$R_a>3.2$全扣		
7	圆锥面	$\phi36_{-0.19}^{0}$		10	超差0.01扣2分		
8		$\phi20_{-0.039}^{0}$		10	超差0.01扣2分		
9		莫氏5号	锥角	5	止通规检查不满足要求，从发中不得分		
			$R_a3.2$				
10	内螺纹	M24×2（止通规检查）		10	$R_a>3.2$扣1分，$R_a>6.3$全扣		
11		退刀槽	$\phi27$	2	超差不得分		
12	球面	SR36±0.08		10	超差0.01扣2分		
13		线轮廓度	0.12	3	超差不得分		
14	长度	148		3	超差不得分		
15		$75_{-0.14}^{0}$		3	超差0.01扣2分		
16		$20_{-0.13}^{0}$		3	超差0.01扣2分		
17	文明生产				发生重大安全事故取消考试资格；工件局部无缺陷（如凹坑、划痕等）		
18	其他项目				工件必须完整，程序中严重违反工艺规程的则取消考试资格		
19	程序编制				按照有关规定每违反一项，扣除3分		
20	加工时间				120 min后尚未开始加工则终止考试；超过定额时间5 min扣1分；超过10 min扣5分；超过15 min扣10分；超过20 min扣20分；超过25 min扣30分；超过30 min则停止考试		
21	合计						

得分	0-59分	60-79分	80-100分	总分
考试时间			开始：　时　分；结束：　时　分	评分
记事				
监考			检验	

技术要求：
1. 不允许使用砂布或锉刀修整表面；
2. 未注倒角C1。

名称	球轴	材料规格	45，$\phi50$ mm×150 mm
图号		工时	360 min（含编程）

单位：　　　　　　　姓名：　　　　　　　准考证号：

评分表

序号	项目	检测内容		占分	评分标准	实测	得分
1	外圆	$\phi38_{-0.05}^{0}$	尺寸	7	超差0.01扣1分，$R_a>3.2$全扣		
2			$R_a1.6$	2	$R_a>1.6$扣1分，$R_a>3.2$全扣		
3		$\phi36_{-0.05}^{0}$	尺寸	7	超差0.01扣1分，$R_a>3.2$全扣		
4			$R_a1.6$	2	$R_a>1.6$扣1分，$R_a>3.2$全扣		
5	内孔	$\phi20_{-0.05}^{0}$	尺寸	7	超差0.01扣1分，$R_a>3.2$全扣		
6			$R_a1.6$	2	$R_a>1.6$扣1分，$R_a>3.2$全扣		
7		$\phi30_{0}^{+0.05}$	尺寸	7	超差0.01扣1分，$R_a>3.2$全扣		
8			$R_a1.6$	2	$R_a>1.6$扣1分，$R_a>3.2$全扣		
9	内螺纹	M24×2 (止通规检查)		10	止通规检查不满足要求，不得分		
10		退刀槽	$\phi26$	2	超差不得分		
11			$R_a3.2$	2	$R_a>1.6$扣1分，$R_a>6.3$全扣		
12	外螺纹	M36×4(P2) (止通规检查)		10	止通规检查不满足要求，不得分		
13		退刀槽	$R_a1.6$	2	$R_a>3.2$扣1分，$R_a>6.3$全扣		
14			$R_a1.6$	2	$R_a>1.6$扣1分，$R_a>3.2$全扣		
15	球面	SR8		3	超差不得分		
16			$R_a1.6$	4	$R_a>1.6$扣1分，$R_a>3.2$全扣		
17	椭圆面	形状、尺寸		8	形状不符不得分（样板检查）		
18			$R_a1.6$	4	$R_a>1.6$扣1分，$R_a>3.2$全扣		
19	倒角	5处		5	少一处扣1分		
20	长度	100±0.05		5	超差0.01扣1分		
21		40±0.05		5	超差0.01扣1分		
22	文明生产				发生重大安全事故取消考试资格，按规定每违反一项总分扣除3分		
23	其他项目				工件必须完整，工件局部无缺陷（如夹伤、划痕等）		
24	程序编制				程序中严重违反工艺规程的取消考试资格；其他问题酌情扣分		
25	加工时间				120 min后尚未开始加工则终止考试；超过定额时间5 min扣1分；超过10 min扣15分；超过20 min扣20分；超过25 min扣25分；超过30 min则停止考试		
26							
合计							

得分	0-59分	60-79分	80-100分		
考试时间	开始： 时 分	结束： 时 分		评分	
记事					
监考			检验		

技术要求：
1. 不允许使用砂布或锉刀修整表面；
2. 未注倒角C1。

名称	椭球轴	材料规格	45，ϕ40 mm×105 mm
图号		工时	360 min(含编程)

椭圆方程：
$$\frac{Z^2}{20^2}+\frac{X^2}{15^2}=1$$

单位：_____ 姓名：_____ 准考证号：_____

评分表

序号	项目	检测内容		占分	评分标准	实测得分
1	外圆	$\phi 60_{-0.02}^{0}$	尺寸	8	超差0.01扣2分	
2			$R_a1.6$	4	$R_a>1.6$扣2分，$R_a>3.2$全扣	
3		$\phi 30_{-0.02}^{0}$	尺寸	8	超差0.01扣2分	
4			$R_a1.6$	4	$R_a>1.6$扣2分，$R_a>3.2$全扣	
5	内孔	$\phi 30_{0}^{+0.02}$	尺寸	8	超差0.01扣2分	
6			$R_a1.6$	4	$R_a>1.6$扣2分，$R_a>3.2$全扣	
7	外螺纹	M30×2（止通规检查）		10	止通规检查不满足要求，不得分	
8		$R_a1.6$		2	$R_a>1.6$扣2分，$R_a>3.2$全扣	
9	退刀槽	5×2		4	超差不得分	
10	外圆锥	$R_a3.2$		2	$R_a>3.2$扣2分，$R_a>6.3$全扣	
11	内圆锥	配合		10	配合接触面积不得小于60%，每小于10%扣5分（样板检查）	
12	圆锥面	$R_a1.6$		10	$R_a>1.6$扣2分，$R_a>3.2$全扣	
13	抛物线	形状尺寸		8	形状不符合要求不得分	
14	倒角	3处		4	超差不得分	
15		$R5$		3		
16	圆角	$R5$		4	超差不合要求不得分	
17		114		4	超差不合要求不得分	
18	长度	27		1		
19		83		1		
20	曲线连接			2	有明显痕不得分	
21	文明生产				发生重大安全事故取消考试资格；按照有关规定每违反一项从总分中扣除3分	
22	其他项目				工件必须完整；工件局部无缺陷（如夹伤、划痕等）	
23	程序编制				程序中严重违反工艺规程的则取终止考试；超过定额时间5 min扣1分；超过定额20 min扣20分；超过30 min则停止考试	
24	加工时间				120 min后尚未开始加工则终止考试；超过10 min扣5分；超过15 min扣10分；其他问题酌情扣分	
25					分：超过25 min扣30分；超过30 min则停止考试	
合计						

得分	80~100分	60~79分	0~59分
考试时间	开始 时 分	结束 时 分	总分
记事		评分	
监考	检验		

技术要求：
1. 允许使用砂布或锉刀、油石等修整表面。
2. 注倒角C1.5。
3. 两件必须良好配合。
4. 涂色检查圆锥孔配合接触面积不得小于40%。
5. 色检查圆锥孔配合接触面积不得小于60%。
6. 锥与圆弧、曲线与圆弧过渡光滑。

抛物线与圆弧切点(-12, 12)

抛物线方程：$Z = -\dfrac{X^2}{12}$

名称	配合件
图号	
材料规格	45, $\phi 65$ mm×120 mm
工时	360 min（含编程）

单位：　　　　　　　姓名：　　　　　　　准考证号：

评分表

序号	项目	检测内容	占分	评分标准	实测	得分
1 2	外圆	尺寸 $\phi 30_{-0.084}^{0}$ $R_a 1.6$	10 5	超差0.01扣1分，$R_a>3.2$全扣 $R_a>1.6$扣1分，$R_a>3.2$全扣		
7 8	内孔	尺寸 $\phi 24_{0}^{+0.084}$ $R_a 1.6$	15 5	超差0.01扣1分，$R_a>3.2$全扣 $R_a>1.6$扣1分，$R_a>3.2$全扣		
9	内螺纹	M20×1.5 (止通规规检查)	15	止通规检查不满足要求，不得分		
10	退刀槽	$\phi 21 \times 4$	2	超差不得分		
11		$R_a 3.2$	2	$R_a>3.2$扣1分，$R_a>6.3$全扣(样板检查)		
18	椭圆面	形状、尺寸 $R_a 1.6$	20 5	形状不符不得分(样板检查) $R_a>1.6$扣1分，$R_a>3.2$全扣		
19	倒角	3处	6	少一处扣2分		
20	长度	80	5	超差不得分		
21	曲线连接		10	有明显接痕不得分		
22	文明生产			发生重大安全事故取消考试资格；按照有关规定每违反一项从总中扣除3分		
23	其他项目			工件局部无缺陷(如夹伤、划痕等)		
24	程序编制			程序中严重违反工艺规程的则取消考试资格；其他问题酌情扣分		
25	加工时间			120 min后尚未开始加工则终止考试；超过定额时间5 min扣1分；超过10 min扣5分；超过15 min扣10分；超过20 min扣20分；超过25 min扣30分；超过30 min则停止考试		
26						
合计						

得分	80-100分	60-79分	0-59分
考试时间	开始：　时　分	结束：　时　分	总分
记事		评分	
监考		检验	

技术要求：
1. 不允许使用砂布或锉刀修整表面；
2. 未注倒角C1。

名称	椭圆手柄	材料规格	45, $\phi 35$ mm×82 mm
图号		工时	360 min(含编程)